移动用户体验设计之道

邓俊杰　主　编

郑少娜　王梓铭　方馨月　副主编

清华大学出版社

北京

内 容 简 介

本书结合云之家移动办公产品的实际案例，分析了各类不同场景下产品的设计方法，详细介绍了如何打造一款具备优秀用户体验的智能手机App，主要内容包括企业用户研究、To B 产品设计研究、交互和视觉设计技巧、平台建设和生态系统设计技巧和相关的案例及经验总结。书中包含大量实际调研数据，对设计的迭代过程进行了充分展示，侧重实战经验，并非空洞的设计思想和理论。

本书适合用户体验设计领域的从业者、图形界面设计师、交互设计师、用户研究员、产品设计规划人员、企业服务产品设计人员、移动办公产品行业相关人员阅读，也适合交互设计、用户体验相关专业的学生阅读，还可作为相关专业培训机构的参考用书。

本书封面贴有清华大学出版社防伪标签，无标签者不得销售。

版权所有，侵权必究。侵权举报电话：010-62782989　13701121933

图书在版编目（CIP）数据

蝶变：移动用户体验设计之道 / 邓俊杰主编. —北京：清华大学出版社，2018
ISBN 978-7-302-49406-5

Ⅰ. ①蝶… Ⅱ. ①邓… Ⅲ. ①移动终端－应用程序－程序设计　Ⅳ. ①TN929.53

中国版本图书馆CIP数据核字（2018）第012381号

责任编辑：张　敏
封面设计：杨玉兰
责任校对：徐俊伟
责任印制：杨　艳

出版发行：清华大学出版社
　　网　　　址：http://www.tup.com.cn，http://www.wqbook.com
　　地　　　址：北京清华大学学研大厦A座　　　　邮　　编：100084
　　社 总 机：010-62770175　　　　　　　　　　邮　　购：010-62786544
　　投稿与读者服务：010-62776969，c-service@tup.tsinghua.edu.cn
　　质量反馈：010-62772015，zhiliang@tup.tsinghua.edu.cn
印 装 者：北京亿浓世纪彩色印刷有限公司
经　　销：全国新华书店
开　　本：170mm×230mm　　　印　　张：13.5　　字　　数：257千字
版　　次：2018年4月第1版　　　印　　次：2018年4月第1次印刷
印　　数：1～3000
定　　价：79.00元

产品编号：077104-01

赞誉

曾经听到有人说To B的产品体验不重要，我对这个观点是持否定态度的。一个人一天有24小时，其中1/3的时间就在工作。如何让这1/3的时间更加有效，让人工作更愉快、更舒适，也同样值得深思。

"云之家"作为互联网时代下企业移动办公应用的代表，其用户体验团队做了很多思考及实践。我自己就在使用云之家，其中有很多走心的、让人不经意就产生思考的小设计。

相信本书的出版，对于面向企业级产品及服务的用户体验是一次标志性事件，让B端体验同样被关注起来！

UXPA副主席

钟承东

互联网的高速发展，成就了一直以来在用户体验领域工作的人，他们围绕着用户进行研究与设计工作，使得个人消费业务整体服务有了较大的质的提升。在工业互联网兴起的后工业时代，人们不仅仅关注消费升级的体验，更关注工作体验。

云之家用户体验团队正是围绕"企业人工作体验"这一研究命题，开启了全新的体验创新工作。希望书中的这些方法可以帮助更多人理解企业的用户体验工作是如何开展的。

金蝶产品战略委员会用户体验分会主任

卜子力

"云之家用户体验部"负责金蝶的"云之家"产品的设计与创新,我订阅过他们的公众号,是较为高产好文章的用户体验类公众号。我认为,体验是记忆感知的叠加;创新是金蝶创造商业成功的基石。我阅读过此书的文章,认为内容非常有创新性和实践性,绝非纸上谈兵的泛泛而谈。很高兴"云之家用户体验部"能把他们在To B领域的实践经验,系统、完整地呈现出来,我极力把此书推荐给从事用户体验类工作和即将从事此类工作的相关朋友,这些在To B领域的经验可以启发到各位看清问题,发现更好的商业设计解决方案。

金蝶云用户体验部负责人

刘云天

序言

　　首先祝贺云之家用户体验部设计的产品"金蝶云之家"先后于2015年和2016年蝉联中大型企业中国移动办公市场第一名。云之家用户体验部在企业级To B类互联网产品体验设计方面积累了大量宝贵经验，值得和设计师们交流分享。

　　用户体验设计有专业的流程和方法，但是同样的方法在不同的团队中、在不同的产品中会有各自不一样的演绎，云之家用户体验部的设计师们将对设计的思考以及尝试记录下来，从设计需求的研究开始，深入剖析用户旅程，创建用户角色模型，分析用户使用情境，将用户需求的本质核心提炼和归纳出来，这样的过程除了需要丰富的经验能够深入洞察以外，还需要科学的设计方法保障。在本书中提到的产品全景图方法案例和卡片归类方法案例都是云之家用户体验部在实际工作中站在全局的高度，从全链路的角度进行的设计布局和思考经验之谈。

　　本书还集中将设计的方法进行了应用呈现，例如格式塔原则、费茨定律、黄金分割在移动办公产品中的设计应用。设计方法虽是通用的，但是云之家的设计师们有更深入的思考，例如在第3章"交互和视觉设计技巧篇"中的"费茨定律在移动办公设计中的运用"就让人称赞。设计师们有着尊重理论但是不唯理论是瞻的批判精神，也正是这样的精神，让理论在实践中得到灵活应用，才让产品在体验打磨上取得了卓越的进步。

　　"金蝶云之家"是To B类互联网产品的典型代表，要想理解这类产品的设计难度，可以从To B类产品和To C类产品的差异说起。谈起To C产品，一般会用到的词汇有百万级用户、创新体验、竞品差异、转化率。但是To B产品的专业门槛较高、客户少但角色多、逻辑复杂、产品设计难度大，这些均对产品设计人员提出了更高、更深度的专业要求。对于云之家来说，由于产品自身的复杂性决定产品面对的用户群体是很复杂的，无论从行业、职位还是角色的维度上都难以做一个清晰的定位和划分。但是设计师在设计中创造性地结合To B和To C产品的设计方法，正如他们所说，"工作"才是移动办公的主体，"沟通"是为了更好地服务于"工作"，所以他们重新定位了云之家的产品架构，将核心定义为"我的工作"。也就是说，让产品聚焦于"我"，聚焦于每一个用户自身，并且主体为"工作"。

在这样的定位基础上，云之家这款移动办公产品，基于即时消息和轻应用，帮助企业打破部门和地域的限制，提升工作效率，激活组织活力，帮助中国企业快速实现移动化转型。他们无论是针对基础功能，例如消息聊天、通讯录、邮件、企业云盘、语音会议、审批、工作汇报等，还是针对行政功能，例如签到考勤、活动管家、会议预定、公告、请假等，甚至是企业文化，例如同事圈等，都有创造性的发展。本书第5章"设计案例精选"中的"To B直播场景设计"就是创造性地将流行的体验方式应用在企业内训等场景中的优秀实践。按照体验场景的顺次过程，设计师将界面布局、体验互动等方面的思考进行了完整阐述。

设计是迭代的过程，设计的思考也是精益求精的过程，云之家用户体验部将对设计的感悟总结成册，是对用户体验行业的贡献，也是他们成长中的里程碑。相信他们在这个新起点的基础上能够百尺竿头，更进一步。

华为技术有限公司　UX创新设计总监

郝华奇

　　2017年4月1日那天，我给云之家用户体验部创建了一个微信公众号（云之家用户体验部，ID：UXD-Cloudhub），开始向部门成员约稿，很多设计师都积极贡献了高质量的原创文章。一个月后公众号拿到原创标识，同时受邀入驻"人人都是产品经理"社区，成为该社区的合作媒体。

　　这是一个个体崛起的时代，很多设计师已经不仅仅在公司做产品，还开始在各种平台上发表自己的观点、经验，建立自己的影响力。一点点的输出就意味着大量的输入，输出越多其实象征个人的输入更多，自然个人的成长也更快。输入的途径有很多，有平时工作项目上的经验积累，有通过各种书籍、文章、网站获取到的知识，还有跟同事、同行的交流等。

　　现代职场人有两个重要的基本能力，一个是公开演讲，一个是专业写作，其实这两个能力就是两种不同的输出方式。一个不懂得输出的设计师很难在内部和外部建立起自己的影响力，而一个懂得输出的设计师会以非常快的速度成长，大量的输入再变成自己的想法输出，就能形成一个正向的循环。

　　基于这样的原因，作为一名团队管理者，我会尽量创造一个个可以让团队成员输出的机会，例如让他们多写文章，多总结项目经验，多做公开的培训，因为想要把握住这些输出机会，就意味着他们自己要有大量的输入和自我思考，这对他们自我提升也是一种变相激励，同时也能从侧面反映出他们如何看待自己的工作和职业规划。

　　非常幸运的是，这次能够受到清华大学出版社的邀请出版一本关于To B类互联网产品体验设计的书籍。云之家在企业移动办公领域已经耕耘了近8年，据IDC报告显示，2015年和2016年连续两年在中大型企业中，金蝶云之家蝉联中国移动办公市场第一名，很显然我们积累了大量关于企业级互联网产品的设计经验。这是一个开放的时代，作为云之家的设计师，我们很愿意把自己的一些宝贵经验和想法与业界同行交流，跟大家共同进步。

这本书能够顺利出版首先要感谢云之家用户体验部每一位设计师的积极贡献，不管读者对内容本身的评价如何，大家一起来出版一本专业书籍这件事本身就非常有意义和值得纪念。同时还要感谢其他同事、领导、同行的鼓励和支持。相信这本书不是完结篇，而是一个新的起点。

邓俊杰

目录

第1章
企业用户研究方法探讨

1.1 发掘用户真实的需求

作者：邓俊杰

在谈这个话题前先分享一个小故事，这是我曾经一个同事讲述的用户需求案例。事情是这样的，他的一个朋友是外国人，有一天来公司拜访他，结束之后他送这位老外朋友出公司。老外朋友对同事说，他需要找前台借一支笔。同事就问他做什么，他说需要朋友将自己手机上显示的英文地址写成中文，然后他打到的士后就可以给司机看，这样司机就能把他带回酒店。

同事举这个例子是想告诉我们，他的朋友最原始的需求是"借一支笔"，而本质需求却是"回到酒店"，这两者相差甚远。通常原始需求都是用户自己想到的解决方案，认为可以解决自己的问题，而事实上如果能获得用户的本质需求，就可能找出更合理的方案来解决用户的问题。

在做产品时，不论是产品经理还是设计师经常能从市场或运营团队那里得到一些用户的原始需求，例如这个颜色希望变成绿色，这里的字体需要更大，急需更省电的模式等等。很多产品经理和设计师信奉用户至上，包括现如今很多声称具有互联网思维的公司都强调用户在产品设计和开发过程中的重要性，这个观点并没有错，但是如果对用户原始需求没有进行任何分析就落地到产品中，这也是对用户极不负责的行为，非常容易造成"头痛医头，脚痛医脚"的情况。

再举一个实际案例，这发生在我们自己实际的产品中。云之家是一款移动办公应用，有一个功能就是可以在手机上签到，这样员工到了公司附近就可以掏出手机在应用上打卡完成考勤，而不用走到公司的考勤机旁排队用工卡打卡。有个公司的人力资源经理就给我们提了一个原始的需求：尽快把签到提示音改为人声。

签到提示音是指在上下班时间前15分钟手机发出的声音提示，以提醒员工用手机签到。我当时回绝了这个需求，理由有两点：一是一般App的提示音都不会采用人声，因为不够优雅，例如我们在一些工作场合听到一些人声的电话铃声或是奇怪的提示音都会觉得对方不够专业一样；二是上下班时间前15分钟，员工要么在公共场合（如地铁、公交上），要么在办公环境中（如还在开会），此时手机突然有人声叫"签到啦"会引起不必要的尴尬，体验会不好。

但是这名人力资源经理并不认可，坚持认为我们的提醒声音很普通，就是要改为人声，需要给员工很强的提醒。如果仅仅从这个原始需求上来看，感觉是我们的提醒声音不够强烈或是不够特别，可能会跟诸如微信、短信等其他应用的提醒音混淆。所以我跟这个人力资源经理沟通是不是可以让员工自定义铃声，因为如果我们官方提供了一个人声提醒，那究竟是用男声还是女声，用清脆的还是磁性的，用林志玲的声音还是郭德纲的声音？这将无形中夸大个人的好恶。人力资源经理觉得让员工自定义铃声也可以，并且要求马上就要落地到版本中。但是我自己又仔细想了一下，其实用户自定义提示音的比例并不高，例如我们不少人还是只用默认的电话、短信、闹钟、日程的提示音，而且如果真的大家都来自定义提示音，那么一到某个时间点一个办公室的人手机响起各种自定义的签到提示音，也是很滑稽的。

所以我就跟这个人力资源经理继续沟通，然后才发现了他的本质需求。他们公司原来是在一个特定的指纹打卡机上打卡的，每到上班时间，指纹打卡机前会排很长的队伍等待打卡。现在采用了移动办公应用，员工不用排队打卡了，人力资源经理强行拆除了指纹打卡机。但由于刚开始执行还没形成习惯，导致员工经常忘记打卡。该公司考勤很严格，忘记打卡或是晚打卡都要扣钱，员工就要在月底前打印纸质文件，然后再找两个以上的证明人来证明自己当天只是忘记打卡并非旷工。而这名人力资源经理则要去考证这些证明，无形中增加了很多工作量，也提高了公司的管理成本。我们可以看到，这名人力资源经理的原始需求是将签到提醒音改为人声，实际上他的本质需求是让员工减少忘记打卡的次数。在他看来只要将签到提醒音改为人声，那么明显的提示之下员工自然会想起来打卡，大家都打卡了，他也就没有那么多工作量了。

这名人力资源经理的原始需求和很多用户的需求一样，通常都是他们自认为的解决问题的方案，但是用户对整个产品的考虑却比较少，他们一般较难想到自己的方案对现有产品带来的影响或是在一些场景下的不适。对于这个人力资源经理的原始需求我给出了更为人性的方案：首先如果员工在上班前忘记打卡，但是员工此时手机连上了公司Wi-Fi，或者GPS定位员工在公司附近，那么应用会给员工自动补打卡（同时还要结合一些手机传感器数据，保证员工手机的确是在使用中，否则员工可能会拿个旧手机连着公司Wi-Fi一直放在公司）；其次如果员工真的由于各种原因忘记打卡，而且自动补打的机制也未生效，那么就判断员工是否在工作时间连着公司Wi-Fi用我们的应用发过消息、传过文件，有这样的情况也可以证明员工并未旷工。通过这些相对智能和人性的判断来降低员工由于未注意到提醒而忘记打卡的概率，从而解决这个人力资源经理遇到的问题。

其实如果再深入分析一下这个人力资源经理的需求，我们除了能发掘出他的本质需求外，还会发现他一个隐含的需求。例如他为什么这么急切地要求我们尽快落地增强提示的方案？我们来脑补一下他面临的情况。他强行拆除了指纹打卡机，采用移动签到，改变了整个公司员工的打卡习惯，结果导致了很多员工忘记打卡，员工需要找各种证明和审批，一定怨声载道，甚至纷纷质疑这名人力资源经理当初的决策。所以这个人力资源经理的隐含需求极有可能是要尽快打消员工对于他强推移动签到这个决定的质疑。能帮他解决这个隐含需求，或许他的本质需求也能迎刃而解。

所以我们可以看到用户的原始需求跟他的本质需求和隐含需求可能差别很大，那么如何发掘用户的本质需求和隐含需求呢？除了深入交流之外最好是能身临其境，就以上面的案例来说，如果能到他们公司待上一段时间，当一段时间的员工可能会更有感触。我又想起来一个案例，在一次业界交流活动中，有个设计师在西门子公司做大型医疗器械设计。他就跟我说大型医疗器械的设计要非常严格精准，但是设计师不是医生，很多地方会考虑不到，于是他就跟医生一起工作，医生干什么他就干什么，时间长达三四个月，到最后他对人体的各种器官、血管都了如指掌了才开始进行设计。或许医生的原始需求只是要扫描病人的某个部位，但是如果仅仅很简单地去根据这样的需求做设计和开发产品，最终的结果一定不理想，也难以捕捉到医生的本质需求和隐含需求。

回到本文最开始的例子，"借一支笔"是原始需求，"回到酒店"才是本质需求，于是我的同事并没有给这个外国人找笔，而是找了另外一个同事顺路将其带回了酒店。看，并非一定是用户要求什么你就执行，仔细分析之后其实会有更好的方案。再深入分析一下这个外国人的隐含需求呢？其实是"跟司机用中文交流"，试想一下这个隐含需求解决了，他也就不会有刚开始借笔那一幕了。

To B产品面临的角色有很多，不能简单像To C产品那样考虑通用的人性，企业里的老板、经理、基层员工，不同岗位职责的人都会有不同的需求。所以一款好的To B产品对不同角色的需求把握必须非常到位，只有了解到对应角色的真实需求才能设计和开发出合适的产品。

1.2 如何设计问卷才能收集到高质量的数据

作者：郑少娜

问卷的质量会直接影响收集到的数据的质量。在设计问卷的时候，我们往往过于轻敌，自以为已经做得很好，其实一些基本原则和注意事项很容易被忽视。问卷调查的好处在于，我们能够通过来自大样本的结构化数据，对事实做出精准的描述和推断，这是定性研究难以做到的。

但是，一个问卷调查，如果对错误的用户提了错误的问题，收到的数据将无法反映实际情况。更可怕的是，如果我们对此一无所知，轻信问卷数据的质量，就会得出具有误导性的结论。

问卷调查还有另一个风险，就是我们往往依赖问卷填写者的自我报告。他们填写的答案通常会受到自身的一些认知局限的影响，未必能反映客观事实，这也是我们在设计问卷的过程中需要尽量避免的。

问卷测得的数据与实际情况的偏差，主要受到以下因素的影响。

人

- 人的回忆是不准确的。相比于自己做过某事，人们很容易忘记自己没有做过某事；人们很难记起往事发生的确切时间；人们很难记起大多数经历的细节。
- 人在回答问题的时候可能会受到社会期许效应的影响。人们知道社会对人的行为有一定的期待，也担心自己的某些真实情况不被他人认可。因此他们倾向于根据社会的期许来调整自己的答案。
- 人们总是倾向于给出答案，即使自己并不清楚。
- 人们报告的往往是他们对事情的理解，未必与客观事实一致。

问卷

- 问题的措辞、选项的措辞、选项的顺序和前后文语境都会影响用户对问题的理解，从而也就影响了用户的回答。

那么，对于问卷设计来说，好问题的标准是什么？

好问题首先要有明确的测量目标，也就是明确问题实际上要考量的事件是什么；其次，对于这个考量目标，好问题要有较高的信效度，也就是能够达到稳定而准确的标准。

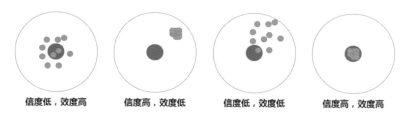

信度低，效度高　　　信度高，效度低　　　信度低，效度低　　　信度高，效度高

▲ 信效度图解

想要尽量减少考量的偏差，有几个基本条件：

- 要让用户，并且是所有的用户都能够以与你相同的方式理解问题。需要检视问题中的每一个概念，确保没有歧义。例如，"运动"是否包含"散步"？"月收入"是指税前还是税后、是否包含投资理财等其他收益？

- 确保用户能够回答你的问题。用户可能因为不知道相关信息（如"你上周通过运动消耗了多少卡路里？"）、无法准确回忆起相关信息（如"你上个月有几天没吃早餐？"）等原因而无法回答。

- 确保用户愿意回答你的问题。如果用户不愿意回答，他们可能随便选择一个答案来应付。如果涉及比较敏感的问题，让用户知道为什么你要问这个问题，并且让他相信你会对此保密。

- 确保每个用户都能找到适合自己实际情况的选项，并且避免诱导他们做出不符合实际情况的选择。

1）研究设计

在开始动手编制问卷之前，我们需要先搞清楚一些核心的问题。

目标调查对象是谁？我们需要对目标群体有一定的了解，包括他们掌握的相关信息、习惯使用的术语等，才能够提出合适的问题。

研究目的是什么？我们做的研究可能有需求方，了解清楚他们的期望。尝试用一句话描述本次调研的目的，这考验的是我们对研究关注的核心问题以及研究的根本价值的了解。

此外，应遵循"目的-假设-变量-问题"的架构。从根本目的出发，我们可以推导出一些具体假设。如果条件允许，可以先对目标群体做个访谈，帮助我们拓展思路和形成假设。每一个具体的假设都揭示了我们应该测量哪些变量，而每个变量可能需要用多个问题去测量。"目的-假设-变量-问题"的架构会帮助我们紧贴研究目标去思考应该提出哪些问题。

▲ 目的-假设-变量-问题

也可以通过头脑风暴的方式来收集团队想要了解的问题(不需要写出规范的问卷题目)。但是注意,每一个问题都需要有存在的理由,即明确它对研究目标的贡献是什么。最终留下的问题数量尽量不要太多。30个题目的问卷大概需要用户花费20分钟去填写,如果答题时长超过20分钟,问卷的回应率和答题质量都会有所下降。

2)问题设计

我们已经列出了为了达到研究目的,需要知道的问题清单。下一步是好好设计这些问题的措辞,以避免不必要的测量误差,提高测量的准确度。下面是一些通用法则:

让用户预测自己的行为往往不准确,直接问他们过去的行为可能更好。用户在预测自己行为方面往往做得不太好,如果你问他们是否会使用某个产品或者服务,他们很可能会说"会",但是这并不可信。直接问用户过去的行为去预测他未来的行为更加可靠。

避免问否定性的问题,填写者可能会少看了"不"字。例如,当你的问题是"下列哪些因素对你来说最不重要?"时,用户可能因为粗心而看成"下列哪些因素对你来说最重要?"

推测原因、提供解决方案对用户来说都较难回答,尽量不让用户回答这些问题。例如"你是否曾经因为找不到某个功能而放弃使用A网站?"用户也许记得放弃使用A网站的经历,但他们未必能够意识到放弃使用的原因。

不要一次问多件事。"在购买纸质图书或电子图书时,你最看重哪些因素?"这样的问题会让用户产生困惑,究竟要回答前者还是后者,尤其是两者对应的答案不一致时。对研究员来说,这种问题的答案也很难分析,无法清晰界定用户选择代表的具体意义。

您认为自己是学霸吗（或者学习态度好，自律意识强）
○是
○否
当用户选择"是"时，能够说明什么？

避免在问题中隐含假设。"你最喜欢A网站的什么？"这个问题假设了用户对A网站的某些部分存在好感，但是这个假设未必成立。

不要问极端的问题。例如"你每次上网都浏览新闻吗？"由于极端问题出现的概率较低，对于这种问题大多数的用户会回答"否"。这样获得的数据没有太大价值。直接询问频率可以获得更加具体的信息。

明确你感兴趣的时间期限。对于"你购买化妆品的频率是？"这一问题，用户可能会根据最近一个月、最近半年或者最近一年的情况来作答，而不同的用户可能会选择不同的时间期限。因此说明你希望用户根据哪段时间的情况作答会更好。

3）选项设计

选项要对称。选项的正向和反向形容需要有相同的粒度和强度，下图的选项就不正确地给了负向情绪以更高的强度。

您对小组作业的态度是
○抵触
○无所谓
○喜欢
选项不对称

保证所有用户都有合适的选项。最好穷尽所有可能，如果无法做到，也应该提供一个"其他"选项给那些没有被覆盖到的用户，如下图所示。即使是李克特量表，有时也需要加入一个"不适用"选项，避免强迫用户选择。

您通常参与的小组作业的内容是
○完成实验
○论文写作
○表演节目或展示（如拍摄视频）
○专题讨论
○参与竞赛
应该提供一个"其他"选项

选项要很具体。不要有含糊不清的表述，能够用数字表达的尽量不用"很少""经常"这类表述。

选项要互斥。如果是单选题，一个用户不能够既符合A选项，又符合B选项。如下图所示，"情有可原"表示"不该，但是可以理解"，那么持这种观点的用户应该选择"不该"还是"情有可原"？

您认为该不该占座？
○该
○不该
○情有可原
○没有感觉
选项不互斥

选项的顺序要一致。例如第1项永远是"最不同意"，第5项永远是"最同意"（或者相反）。如果一份问卷中选项的方向发生改变，用户可能会没有注意到而习惯性地按照原来的方向进行选择。

如果选项没有逻辑顺序，尽量做到随机排列。选项顺序会影响用户的选择，通过随机的方式来降低这种影响。

选项的含义要清晰。在"我经常做有氧运动——同意、不同意"中，当用户选择"不同意"的时候，表示的是自己做有氧运动的频率低于"经常"，还是高于"经常"？

4）顺便说说访谈

访谈和问卷调查类似，都会向用户提问题。它们之间最大的不同是，问卷调查得到的答案是封闭式的、结构化的，而访谈得到的回答是开放式的、难以预期的。

访谈和问卷遵循一些相同的提问原则，例如不要带有引导性，要尽量消除社会期许的影响，尽量询问事实而非让用户预测等。

但是访谈是人跟人的对话，而不是人跟问题的对话。所以访谈员未必要跟着设计好的提纲走。如果被访者对问题存在疑问或者误解，访谈员有机会去发现并进行解释。访谈员还可以针对被访者的回答进行追问，以便对问题有更深入的了解。

问卷调查对问卷设计的要求很高，数据质量很大部分依赖于此。但是访谈除了遵循一些和问卷设计一样的规则之外，更多地依赖于访谈员的访谈技巧和现场发挥。

1.3 企业实地访谈启思录

作者：郑少娜

对于一款致力于提高企业管理效率的移动办公软件来说，"深入企业，了解企业的真实业务场景"是一件非常重要的事情。然而在实际工作中，我们却经常忽略"真实业务场景"的重要性。

我所认为的"挖掘企业真实业务场景"应该更纯粹：不是去关注用户怎么使用我们的产品，想要哪些新功能，而是脱离产品本身，去了解企业自身的业务模式和实际工作，从中了解企业实际上需要的东西是什么。如果仅仅讨论现在的产品，不管是我们自己还是用户，其想象力都会被局限在这个产品之中；而脱离了这个局限，我们才有机会发现更为重大的机会，也许是我们疏忽了某一类企业的特殊需求，也许是在整个产品设计的着力点上需要做些调整。在开始之前，没有人知道会发现些什么。

在完成确定调研方向、设计访谈问题、分析已有企业信息等基本准备工作后，我们尝试着走访了两家企业。虽然数量不多，但是也有些反思和收获。

1）研究设计阶段：聚焦、克制

我们的研究目标主要是挖掘企业实际业务场景并通过所获的信息创建初步的企业画像，因此我们把重点放在了解企业的商业模式、业务流程、协作场景以及访谈对象的个体需求上。

研究目标	价值
了解企业接入移动办公的核心目标	帮助企业达成目标，体现产品价值
了解企业的关键业务、协作场景	针对业务场景进行产品设计、提高企业黏性
了解企业关键决策人和管理层的需求	攻克关键决策人软肋，帮助企业提高管理效率
了解企业基层员工需求	保证易用性和情感化，降低产品在企业内推动的难度

▲ 研究目标和价值

在设计研究问题的时候有一个陷阱：我们总是直觉性地想去问用户在使用我们产品的过程中遇到了什么问题，有什么未被满足的功能需求。似乎好不容易有个深入接触用户的机会，不问这些问题就很浪费。并不是说这些问题不重要，只是对于我们当前的研究来说，这并不是最需要的信息。

对研究的课题需要保持聚焦和克制。在设计研究问题的时候，需要紧紧围绕着研究目的展开，无关的问题不问，也不必觉得可惜。在实际访谈的过程中，可能会有运营、产品、设计师等一起去，但是也需要限制每次同行者的数量，如果他们在研究课题之外有自己感兴趣的问题，也应该安排在访谈结束之后询问，不要喧宾夺主。

2）实地访谈阶段：尊重、突破

目前拜访了两家企业。在A企业中，访谈效果较差，对方似乎并不愿意跟我们深聊企业的商业模式和具体业务，直到访谈结束时我们也只不过收集了对方提的一些问题和需求而已。但是在B企业中，我们却与被访者相谈甚欢，对方向我们详细地剖析了自己企业的业务、核心部门的工作以及在企业管理的过程中遇到的一些苦恼。事后细想，在A企业中访谈失败的原因有三：

（1）我们感兴趣的问题对企业来说比较敏感，A企业有保护自身隐私的顾虑。

（2）在开始聊这些敏感话题之前，我并未取得受访者充分的信任，所以他对这些问题就采取泛泛而谈的策略。

（3）我在访谈开始的时候询问受访者可否进行录音，他虽然允许了，但也导致他在访谈过程中更加拘谨。

我们能做的事情就是尽量获取受访者的信任，但如果做不到，也需要尊重对方，对方不愿意深谈的问题，也不便再细问。

在B企业中，开始的过程也是很令人焦急的，因为B企业的受访者从一开始就非常积极地向我们讲述使用产品过程中遇到的问题，以及他们有哪些需要未被满足。正如上面所说，这并不是我们研究的重点。但是我仍旧耐心地听他讲完，积极回应并在需要的时候解答他们的疑问。这个过程持续了半个多小时，在对方似乎已经表达完他们切实关心的内容之后，我抓住了一个时机去切换谈话方向，告诉对方我们会跟进刚刚聊到的那些问题，但是接下来希望可以脱离产品本身，聊一下企业的实际业务。对方也非常配合地接受了我的这个提议，我们才开始进入了"正题"。对于我来说，我接受了长时间的"跑题"，直到此刻才真正开始访谈；而对于受访者来说，他已经表达了很多不吐不快的内容，接下来也愿意花些时间来解答一下我所感兴趣的问题。

你也许会问，有必要去等待对方表达与主题无关的内容吗？我是否应该更快打断他，告诉他什么才是我们这次访谈真正想聊的东西？其实那个时机恰到好处。在访谈时，主持人虽要控场，但不代表对方可以任你摆布。我们是一种合作关系，而在这场合作中，作为研究者，我是获益更多的一方；所以如果对方真的有表达另一些话题的需求，那就先满足他，等到时间差不多了，再切换到正题。我想后面他能对我比较信任，将公司的业务深入浅出地讲述给我听，与我前半段的耐心等候和聆听不无关系。

从这两家企业访谈的例子中，其实不难看出，访谈并不容易，很多事情都不会像你在办公室所预想的那样。但在这个过程中，始终要记住的一件事情是保持尊重，不管对方是不想详聊，还是聊错了方向，我们都要尊重他作为独立个体的正当权益。在保持尊重的同时，不忘初心，努力寻找突破口，也许渐渐就会柳暗花明。

1.4 企业用户访谈案例

作者：方馨月

云之家的设计团队每隔一段时间，都会去拜访一家客户。可能在一开始，听说设计师需要外访客户的时候，是觉得比较诧异的，认为外访客户是用户研究人员或者产品经理才需要做的事情。事实上，设计师外访是一件十分必要的事情。

1. 设计师为什么需要外访？

1）掌握最基本的用户信息

如果设计师只是通过用户研究人员的外访结果去了解用户情况，那么你手中掌握的信息则是经过多次加工的，即会是这样的情况：用户的真实需求—用户表达出的需求—用户研究人员接收到的信息—用户研究人员总结出的信息。

如果是比较含蓄的用户和不是很有经验的用户研究人员组合得到的信息，则会与真实需求差距特别多。在这种信息背景下设计出来的产品也不会很理想。

2）了解用户的产品使用场景

作为 To B 产品设计师，如果能到用户工作的场合近距离观看他们是如何使用产品的，则会更加理解需求的场景。To B 产品大多是针对某一个模块提出的一套解决方案，在使用的过程中会有很多不同的角色参与，当你进入到用户的工作环境中时，可以更好地了解各个角色的协作模式，特别是涉及线下的协作场景。

3）更深刻地理解企业协作模式

因为经历的公司不多，或者公司形式比较固定，这一点对于初入职场的设计师特别必要。To B 产品服务的企业种类是非常繁杂的，外访可以接触更多不同类型的企业，也有利于扩大自己对于企业模型的认知。当你知道企业奇奇怪怪、各式各样的运营模式后，再进行产品设计的时候，考虑内容也会更加完善。

4）更深刻地理解一些知识

对此我有比较深刻的体验，例如，经常看到或听到"用户很懒"，但是一直不太清楚他们能懒到什么地步。一次外访后我发现，用户真的是懒到无法想象的程度，所有的功能和提示必须在使用场景下出现并且非常刻意地去提醒和引导才会起到作用，很多我们以为有用的引导和提示在用户的使用场景下都是无效的。再例如，经常看到或听到"设计需要符合用户对于常识的认知模型"，但当你看到用户是如何使用那些"反常识"的功能时，会发现再怎么强的引导都不为过，纠正"刻板印象"是非常困难的事情。

2. 外访内容有哪些？

以金蝶移动办公产品云之家为例，它是一个集很多功能于一体的综合产品，涉及办公场景的方方面面。我们外访的主要目的是明确功能的体验性问题和发现机会点，大致会从以下几个角度去对用户进行访问。

1）事前了解内容

（1）受访者职位（最好能访问具体用户而非客户或者利益相关者）。

（2）受访公司的行业、规模。

（3）受访公司使用云之家的情况（主要使用的是签到、审批、消息还是其他功能模块，使用到什么程度，如试用阶段或者全员推广）。

2）访问问题方向

（1）了解公司基本情况，主要是验证之前了解到的信息是否准确，也可以更加直观地了解一些较为深度的信息。

（2）了解公司当初是为什么使用云之家以及使用云之家最初是为了解决什么问题。以此明确云之家对于用户的吸引点，或者用户最初使用云之家的动机。

一般在这个时候用户会给出一个原因，例如为了解决业务员外勤签到难的情况，并对他们的工作进行管控，觉得云之家的签到功能不错，就决定试用一下云之家。在把握到用户使用云之家的动机后，就可以以此为切入点对受访公司进行访问了。

（3）了解公司在未使用云之家××功能之前，如何处理这方面的事情，以此明确产品需要解决的根源问题和使用场景。

有时候用户在外界条件有限的情况下会利用现有工具"创造"出一套适合自己的使用方式，如果不挖掘深度需求，直接按照用户现有的处理方式进行复制，很容易走弯路。

这一步也是为了知道用户在使用这个功能时的具体场景及协作模式。

（4）了解云之家的××功能是否满足了公司的需求。在了解了用户的使用场景后，需要知道当前的功能是否满足用户的使用情况，最好可以让具体用户演示一遍他是如何使用这个功能的。

3. 记录哪些东西？

1）客观记录部分

客观记录部分主要是供之后的资料查阅和总结，主要包含以下几点：

（1）访谈时间、地点、人物（访问者和被访者）。

（2）访谈背景（受访公司背景和受访者相关信息）。

（3）了解到的信息（当时用户使用云之家的状态）。

（4）访问记录（问题及用户的回答）。

这一部分的所有内容都是为了让你尽可能地记住当时的访问情况，帮助回忆起当时的访问场景从而更客观地对访谈内容进行总结分析。

2）总结思考部分

这一部分是自己通过访谈和平日的体会思考所得，可以总结成一条一条的结论，也可以是一个模型或方法论。

并不是每一次的外访都能获得非常有价值的结果产出，但是作为设计师跟用户研究人员或者运营人员的不同在于，我们更能在心理和功能上找到一个结合点去看待问题，角度相对特殊，并且能够发现很多不同的思考点。

4. 一次外访的总结思考

上周去拜访了某餐饮公司的人力资源部副总监欧小姐（35～45岁的年纪），该公司由她牵头跟金蝶的产品A谈成了合作，通过云之家这个平台去使用产品A的相关服务。从她的访谈中，我获得了一些信息，想要记下来跟大家分享一下。

1）用户真的是懒到你想不到

就像在家的时候从来不吃没剥好的橘子、没洗过的苹果一样，即使功能就放在那里，用户也不会主动去研究；即使新功能介绍就在旁边，用户也不会去看。这个时候，"标题党"、冲击性图片、强迫性操作的存在就显得很必要了。

2）不要为了不一样而不一样

用户习惯了用微信，其他软件都不想学，特别是跟工作相关的软件或是应用。

想要不一样，应该从产品的角度出发，去寻找产品本身功能、需求方面的差异化，而不仅仅只考虑交互。

作为一个以提高效率为目标的功能性应用，对于一些行业内软件已经培养好的操作习惯，没必要为了"想要做得不一样"就去改变，有的时候反而适得其反。

3）与"自身"相关更能吸引用户

在工作场景上，与公司相关的"餐饮行业适用的汇报模板""互联网公司的考勤升级"，并不能引起用户的兴趣；而"人力资源必看的10条法则""CIO的信息处理秘密""设计师提高效率的十大工具"等与用户所在职位相关的内容更能引起用户的兴趣。

用户更关注的是"自身"，除了自身以外的东西，他们并不在乎。

另外与之相关的一点是，"一个职位的员工很难理解另一个职位的工作"，对于那些工作中的困难就更别提"感同身受"了。就像这次访问中，我们提到"每个餐厅的组长对于每天的营业额是有关注的，那我们提供移动端的报表是不是对于他们的工作就能更有帮助了呢？"被访者却认为，餐厅的组长对于这个功能是完全不在意的，一个人力资源很多时候是不能够理解一线的管理者的。

4）有时候反常理的产品设计是"超高壁垒"

采访者及其同事，对于免费电话这个功能特别感兴趣，但是说之前尝试过很多次都没有拨打成功就放弃了。了解之后发现，他们完全不能理解"回拨"这个概念。这个免费电话是你选择一个联系人拨打电话后，不是像普通电话那样直接接通，而是你和这个联系人会同时收到来电（看上去是有一个固定电话呼叫你），这种情况就叫"回拨"。云之家回拨的电话全部被挂断了，并且当场解释了两三遍采访者及其同事才理解了这件事。

5）先给了甜头，才会有谈合作的可能

在跟用户介绍并展示云之家的功能的时候，用户很多时候都是兴致欠缺的，并且可以感受到用户的防备心理比较强，认为我们是在"推销"，而不是在"介绍"。

但是当提到免费电话这个应用的时候，用户眼睛都发亮了，并且引起了周边同事的关注，几分钟过后，通过微信的传播，其他楼层的同事也知道了这个功能。

在采访中也发现，对于用户目前顺利使用的功能，如果只是告诉用户"能够提高效率""能够减少操作"，对于用户的吸引力太小。这样的切入点太浅，根本不足以打动用户。而"先给点甜头"，例如提供免费电话，才能在双方之间建立信任，其他功能也就更好推广。

在选取合作伙伴的时候，应该是有一个准入条件的，如果连稳定服务能力都没有，将会造成品牌形象的损失，也是在折损用户对于云之家的信任。

6）业务拓展人员的重要性

一个 60 分的产品和一个 80 分的产品，对于那些对产品不敏感的人来说，差距真的不大。他们更在乎的是产品的效率及能否顺利完成操作。他们也并没有那么强烈的好奇心和探索精神，也没有很多的耐心和时间。"放弃使用"对于他们来说是最直接的选择。要抓住这样的客户，可能让业务拓展人员去地推更为合适。

1.5 可用性测试：任务评估模型与计量方式

作者：郑少娜

可用性测试算是用户研究的一个入门级技能。然而在可用性测试中如何对不同的任务做标准化的评估和横向对比呢？本文尝试定义了一个任务评估模型，并且给出了模型中具体的维度和计量方式。

1. 评估模型

ISO 9241 中对"可用性"的定义是特定用户在特定的使用场景中，为了达到特定目标而使用某产品时，所感受到的有效性、效率和满意度。

也就是说，在定义好了用户、场景和目标的前提下，可用性包含了下面三个维度：

有效性（Effectiveness）：用户完成特定目标的正确和完整程度。

效率（Efficiency）：与消耗的资源相对的完成特定目标的正确和完整程度。

满意度（Satisfaction）：用户不感到不适，并且对系统的使用持有积极的态度。

良好的可用性必须能够同时满足有效性、效率和满意度三个条件；但是这三个维度也有层次之分，一般来说，有效性问题＞效率问题＞满意度问题。

在可用性测试中，仅仅了解每个功能的可用性水平还不够。即使两个功能的可用性水平一样，若一个是产品的基本功能、一个是价值不大的边缘功能，我们还是需要优先去优化价值更高的功能。也就是说，在评估一个任务时，除了可用性之外我们还需要考虑功能本身的价值。尤其是在上线了新功能，或者我们对待测功能的价值还不太确信的时候。

功能的价值可以简单分为两部分：用户价值和商业价值。尽管有时候需要在二者之间权衡，但是作为一个体验导向的产品，还是应该将用户价值放在第一位。在用户价值之上，若能够满足商业价值，则是更令人满意的结果。

所以，在可用性测试中可以用下面这个模型来对测试的任务进行评估：

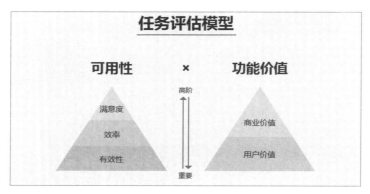

▲ 任务评估模型

2. 测量方法

在上述模型中，有效性、效率、满意度都是常见的评估维度，有一些经验方法可以参考；用户价值也可以通过用户评价获得。而商业价值则需要根据产品的实际情况进行评估，并且这一般是既有的知识，不需要在可用性测试过程中收集这个数据。因此在可用性测试中我们需要收集的数据就只包含四个维度：有效性、效率、满意度和用户价值。

	测量方式	计分方式	总分
有效性	操作时-观察	0：超过限定时间或用户放弃 1：部分完成，未达到任务要求 2：完全按照任务要求完成	任务成功率：完全完成任务比例+部分完成用户比例×0.5（NNG的建议）
效率	操作时-计时	计时按四舍五入精确到秒	平均用时/熟练用时
满意度	操作后-量表	1~7分，用户自评	用户平均分
用户价值	操作后-量表	1~7分，用户自评	用户平均分

▲ 任务评估模型细则

1）有效性

可以用任务的完成情况来评估有效性，这个数据通过观察用户的操作过程即可获得。

任务完成情况的考量主要参考NNG（尼尔森诺曼集团）的建议，将每个用户的操作结果标记为失败、部分完成或全部完成。

（1）失败：如果用户认为自己完成不了而放弃了任务，或者超过了限定时间仍然无法完成任务，则标记为失败。

需要对每个任务都设置一个限定时间。要求对功能非常熟悉的人（相关的产品经理、设计师都可以）按照任务提示进行操作，记录完成操作所需的时间，称为熟练用时。如果想要提高熟练用时的测量准确度，可以多找几个人操作然后取其用时平均值。任务的限定时间根据熟练用时确定，一般是熟练用时的3～10倍，但是最高也不要超过10分钟（没有用户会有耐心花10分钟完成一个任务，如果真的需要这么久，说明任务设计得太复杂了）。可以根据任务的难度确定倍数，如果任务对于小白用户来说确实很有难度，那么可以适当延长任务限时；如果任务很简单，或者其中包含一些输入的操作，那么可以适当减少任务限时（因为打字往往比较费时，而且对功能熟悉的人打字未必比用户快）。

（2）部分完成：用户只完成了一部分的任务，没有完成任务卡上的所有要求。例如，你希望用户创建一个日程并邀请小王加入，用户成功创建了日程但是却不知道如何（或者忘了）邀请小王，这就是部分完成。之所以要划分出"部分完成"这个类别，是因为它跟100%完成有差距，但是又不能与失败混为一谈。

（3）全部完成：这个很容易理解，就是在限定时间内完成了任务卡上的所有要求。

最后，需要根据这些数据计算每个任务的成功率。NNG的建议算法是任务成功率=（完全完成的用户数+部分完成的用户数×0.5）/用户总数，即"完全完成率"+"部分完成率"的一半。

除了用完成、部分完成和失败来评价任务完成情况外，还可以考虑另一种方式：顺利完成、遇到障碍后完成、失败。这是我之前使用的计分方式。这种方式下，以上所述的部分完成会被归于失败的类别（但如果用户犯的是无伤大雅的错误，例如输入错误，可以视为完成）。而成功完成的用户会被细分为顺利完成和遇到障碍后完成。之所以这样区分是因为这两种情况揭示了不同的可用水平——能让用户轻松地完成的功能可以说是相当易用的。

2）效率

效率可以用时间测量，即对用户的操作过程计时。例如，可以从用户拿到任务卡开始计时，在用户宣布自己已经完成或者限定时间到了的时候就结束计时。不要等到用户读完任务卡、开始操作时才计时，因为有的用户习惯读完再操作，有的却喜欢一边读一边做。也不要在看到用户完成了就结束计时，而要等用户自己认为他已经完成了，因为用户有时候会在做完操作之后去检查自己的操作是否成功了，这也应该算作任务用时的一部分。

计时不需要太精确。手动计时存在几秒钟的误差都算是正常的，而且用户在操作过程中多说了句话或者应用响应速度慢了些，这些都会影响任务的完成时间（并且很多影响因素跟可用性并没有关系）。所以计时只要精确到分钟就好了，继续提高记录的精确度也没有意义。

　　在计算每个任务的效率水平的时候，可以用用户的平均用时除以熟练用时所得的倍数表示（数值越大表示效率越低）。这是为了便于任务间的横向比较，因为不同任务的复杂度不同，A任务平均用时1分钟，B任务平均用时4分钟，也不能说明A的操作效率比B高。通过平均用时与熟练用时的比值，可以知道新手与熟练用户之间的差距，从而了解因为系统的可用性及学习成本给用户带来的操作时间损耗。

　　3）满意度

　　满意度涉及用户的主观评价，因此需要通过用户自评量表来收集。这里参考的是Jakob Nielsen使用的一个单题项七点量表，即"在1 ～ 7这个数值范围，你倾向于用哪个数值表达你使用这个网站（或应用、网络等）的满意度？"

　　根据需要对题目进行修正，可表述为"在操作当前任务时，你有多满意？"1代表"非常不满意"，7代表"非常满意"，用户可在1 ～ 7中进行选择。

　　4）用户价值

　　用户价值是指用户感知到的功能价值，也需要通过用户的评价获得。因为我们做的是一款办公软件，所以通过询问功能对工作的帮助来了解用户价值。同样可使用七点量表测量，通过计算平均分得出功能价值。

　　如询问"这个功能对你完成工作有多大帮助？"1代表"完全没有帮助"，7代表"有很大帮助"，用户可在1 ～ 7中进行选择。

　　满意度和用户价值都需要用户评分，因此用户在完成每个任务之后都会拿到两个维度的评分题目，要求对该任务做出评价。我会把不同任务同一维度的评分题目打印在同一张纸上，这样用户在评价时可以参考自己对前面任务的评价来调整分数。

　　5）任务横向对比

　　用有效性、效率、满意度、用户价值四个维度对任务进行评价后，我们可以根据这些数据对不同的任务做横向对比，可以通过类似下方这样的折线图对比不同任务的情况。

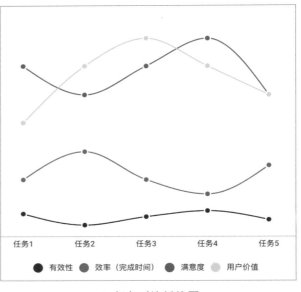

▲ 任务对比折线图

例如从上面这个示例图中，我们可以看到任务2的可用性水平是比较低的（有效性水平低、完成时间长、用户满意度低），但是它的用户价值处于相对较高的水平；而任务3的用户价值最高，可用性水平居中。

有效性、效率和满意度都是用来评估可用性水平的。如果根据这三个数值计算出可用性水平，直接用可用性去做横向对比，是否更方便呢？前文提到在可用性中，有效性问题＞效率问题＞满意度问题，所以在计算可用性水平时它们应该有不同的权重；并且由于度量方式的不同，它们的数值有较大差异，需要做标准化处理。

因此，我们需要对有效性、效率、满意度分别做标准化处理，然后按照5∶3∶2的权重计分（或者其他权重，按需调整）：

$$可用性水平=有效性\times0.5-效率\times0.3+满意度\times0.2$$

（效率用减号是因为其用时间测量，数值越大效率越低。）

这样我们得以在同个标准比较不同任务的可用性水平，结合对功能价值的评估，可以得出类似这样的四象限图：

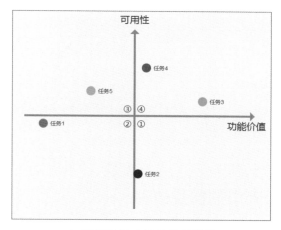

▲ 可用性及功能价值象限图

这样的象限图不仅可以帮助我们比较测试各个功能的情况，还能帮助确定体验优化的优先级。如图中①所标示的区域功能价值高、可用性差的功能应该列入最高优先级，其次是②所标示的区域中功能价值较低、可用性差的功能。

6）问题优先级

除了上述的评估模型外，在可用性测试中我们还会发现很多可用性问题，这些问题大概是可用性测试产生的最重要的数据了。那么，这些可用性问题是否需要进行优先级评估呢？

可用性问题当然是有优先级之分的，一个问题是影响了功能的有效性、效率还是满意度，就决定了这个问题的优先级如何。我认为可以在每个任务之内按照这个标准对发现的可用性问题进行排序，但是不需要把所有任务发现的所有问题罗列出来去排列优先级。

优化可用性问题时应该以功能（即可用性测试中的任务）为单位，而不是以问题为单位。以问题为单位容易只见树木不见森林，可能在修改了很多细节后产品仍然算不上好用。所以排列问题优先级时，也建议根据上面的四象限图先确定功能的优先级，然后再去查看每个功能具体的可用性问题的优先级。

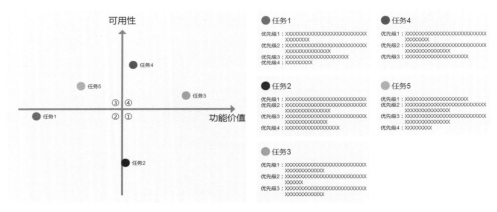

▲ 任务优化优先级

1.6 论用户研究员的自我修养

作者：郑少娜

作为一名积极向上的有志青年，学习的步伐自然是不能止于一边啃着从学校学到的老本，一边从实际工作中积累经验。如果想要成长得更快一点，业余时间就需要多阅读、多思考、多总结。进入UX行业之后，接触到的新概念和技术层出不穷，那么其中哪些知识是一个用户研究员需要掌握的呢？

如果希望自己足够优秀，就需要以T型人才的标准要求自己，知识的深度和广度都应该有。下面这个图是我认为一个满足T型人才标准的用户研究员需要学习的八大领域，其中右边四项是T的竖线，体现的是专业纵深度；左边四项是T的横线，体现的是知识广博度。

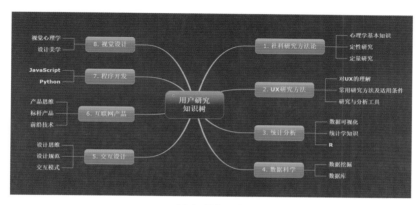

▲ 用户研究知识树

正如大家看到的，第1～4项是用户研究领域的内容，从第1项到第4项越来越细分和精深；第5～8项属于产品研发团队中其他岗位的专业领域，其对应领域与用户研究的相关性和重要性逐渐降低。

1. 社科研究方法论

用户研究是科学研究方法论以实现某种商业价值为目的而衍生出来的具体实践领域，并且这种方法论是基于社会科学研究，而不是自然科学研究。因此社会科学研究方法论对于用户研究来说，是底层的方法论，是必须掌握的基本知识。

而在社会科学领域中，心理学又占据着一个非常重要的位置——如果说数学是自然科学之母，那么心理学就是社会科学之母。这也是为什么很多用户研究岗位都倾向于招聘有心理学背景的从业者。

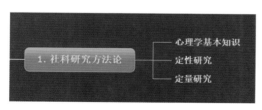

▲ 社科研究方法论

在这一部分，我们首先需要具备的是一些心理学的基本知识。认知心理学、生态心理学、工程心理学都与人机交互关系密切，心理测量学、心理统计学、心理学质性研究能够让你了解定性研究和定量研究的本质和基本方法。我觉得心理学在以下两个方面对用户研究员的影响最大：

（1）心理学对人的意识、认知、情绪、人格的解读和探讨，能让你更了解"人"，因此也更能理解人是复杂的、不自知的甚至自我矛盾的；

（2）心理学作为一门科学，非常注重科研结论的严谨性，因此用户研究员在做研究时不能轻易做出推论，而要非常注意对相关变量的控制和对结果的合理解读。

2. UX研究方法

如果掌握了心理学的研究方法论，对于各种社科领域的研究就都能够驾轻就熟了。但是用户体验是一个实践性很强的细分领域，它有自己的一套研究方法和工具，也有特定的行业知识背景，这些都是必须了解的。

▲ UX研究方法

首先必须了解什么是用户体验，怎样才算是一个好的用户体验，因为用户研究常常都是以创造优质的用户体验为目的。这对于刚刚接触用户研究的心理学学生来说，是一个陌生而又充满乐趣的领域。

其次，了解用户研究常用的研究方法，产品研发阶段不同、目的不同，需要使用的具体方法也会不同。比较常用的方法有可用性测试、焦点小组、一对一访谈、A/B测试、问卷调查、竞品对比等。

此外，还有一些工具可以帮助你进行研究和分析，举几个例子：

（1）研究阶段：探索信息架构可以用卡片分类法，比较视觉设计可以用合意性研究，锁定用户需求可以用卡诺模型；

（2）数据分析阶段：梳理观察数据可以用AEIOU框架（即活动、环境、交互、对象、用户5方面），整理定性数据可以用亲和图法，生成用户画像可以用聚类分析法；

（3）结果呈现阶段：体验地图可以呈现用户完成特定任务时的行为和情绪，用户画像可以呈现用户群体的细分，心智模型图可以呈现用户达成特定目标的过程心智模型，故事板可以呈现用户情景故事。

3. 统计分析

统计分析也是用户研究人员的必修课，但是不必一蹴而就。在掌握了基本的统计学知识后，可以根据手头的项目需要寻找最合适的统计方法。

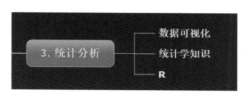

▲ 统计分析

很多数据分析工作其实用描述性统计就可以了，而且即使我们用了严谨的统计学方法得出了一个令人满意的P值，在结果呈现的时候也应该用可视化的方式，而不是直接把P值摆出来。这是为了增强报告的可读性，让利益相关者愿意读且能读懂，所以数据可视化是一项很重要也很基础的工作。用Excel就可以做出很漂亮的图表，如果自己不太擅长做漂亮的图表，Infogram、Canva和Tableau都是不错的工具。

统计学知识可以从最简单的SPSS学起，即使不太懂算法原理，至少也要知道哪种情况下用什么统计方法，以及如何解读结果。推荐《用户体验度量》一书，作者对用户研究可能面对的多种情况给出了统计方法的建议，尤其适用于小样本研究。

R语言是一个可选项。它的优势是容易学，且在线资源非常多。它可以完美实现数据统计和可视化，如果后续想学数据挖掘，R语言也是最常用的工具之一。

4. 数据科学

对于用户研究人员的日常工作来说，掌握数据挖掘和数据库技术并不是必需的，但是如果掌握了这门技术，自己可以尝试做一些有意思的实践。

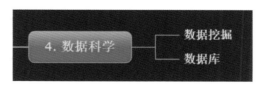

▲ 数据科学

数据挖掘就是一门用来探索隐藏在数据背后的知识的技术，它也许是一片能够给你很多惊喜的宝地。至于数据库，是结构化地组织、管理和存储数据的一个仓库，要学习数据挖掘的话，数据库也需要了解。

5. 交互设计

接下来是T的横轴了。在用户研究员需要了解的几个相关领域里面，交互设计应该说是最重要的了。用户研究员常常会发现产品设计上的很多问题，但我们希望发现是建设性的而不是破坏性的，因此提出合理建议是非常重要的。这个时候就要求用户研究人员有一定的设计能力，这个设计主要是指交互设计。

除此之外，我觉得用户研究员接触一些交互设计的工作是很好的。因为很多团队往往做不到让用户研究员真正融入产品研发流程中，这时候用户研究员跟产品、设计、开发人员的交流就会相对较少，不利于用户研究员了解产品研发规划和进程。即使不承担哪个功能的交互设计工作，平时多花时间跟交互设计师讨论他们的方案也是个不错的选择。

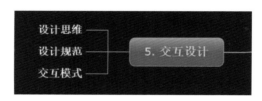

▲ 交互设计

如果从未接触过设计，那么设计思维对用户研究员来说是个门槛。因为用户研究员平常都关注于如何发现和还原问题，而设计师关注的是如何解决问题。设计思维是需要多花费精力去培养的，这极大地影响了用户研究员能否提出"建设性"的解决方案。

除此之外，也要多了解一些通用的设计规范（例如iOS的设计规范，谷歌的Material Design等），利用碎片时间多体验一下优秀的App，培养自己的审美品位，了解优秀的设计应该是什么样子的。

6. 互联网产品

仅次于交互设计领域的是产品。因为用户研究员不仅仅会发现交互设计的问题，有时也需要对产品方向和功能给出建议；此外，作为产品团队的一员，对产品有基本的了解也是跟团队其他成员高效合作的前提（因此不只是用户研究员，研发团队其实都应该对产品有了解）。

▲ 互联网产品

首先要培养的是产品思维。在交互设计领域我们首先提到的也是设计思维，为什么呢？我觉得想要了解一个相关领域，最重要也是最精华的部分就是这个领域的"思维"，即他们思考问题的角度，毕竟我们学交互、学产品，不是为了去做他们的工作，而是为了跟他们更好地沟通和合作。

除了培养思维之外，也需要多看看优秀的案例。多看看互联网各个领域的标杆产品，尝试去思考它们为什么成功。互联网前沿的技术和产品，都需要有所了解，毕竟这个行业发展太快，跟上技术才能跟上时代。

7. 程序开发

为什么一个用户研究员要学编程？我们刚刚提到的数据挖掘领域，是需要学习R语言或者Python的；使用Excel，有些功能也需要VBA才能实现。然而，这些都不是最重要的理由。最重要的理由是作为一个互联网从业人员，如果你对程序开发没有了解，这将是知识框架上的一大空缺。且不说跟程序员们沟通有障碍，如果对程序开发没有基本的了解，我们有时候很难判断一个问题出现的原因，不知道一个设计方案实现起来难度如何（甚至是否可能），甚至会犯很多不必要的错误。

▲ 程序开发

建议编程语言学一门就好了，毕竟我们并不是为了转行去打代码。上图列出的只是我觉得比较合适的两门语言。JS作为前端开发的语言，入门相对简单，并且在HTML5标准发布后具有了跨平台的优势；Python也是胜在入门简单，并且可以用作数据挖掘。

8. 视觉设计

视觉设计被放在了最后，是因为视觉设计是更加感性的领域，并且视觉的工作也需要设计能力比较强的人来做，一般用户研究员是不会在发现了视觉问题之后还顺便给出方案的（即使给出了方案可能也不忍直视）。另外，如果用户研究员了解了交互和产品，那么跟视觉设计师也不会有太大的沟通障碍。

尽管如此，作为一个T型人才，我们对视觉的了解绝不能是一片空白。

▲ 视觉设计

我认为用户研究员最需要了解的有两个部分：一是视觉心理学，这是与视觉设计相关的比较理性的学科。不同的视觉刺激物，例如颜色、线条、字体、布局，会让用户产生怎样的心理反应？二是设计美学，要不断提高自己的审美品位，对美感有一定的理解。这样在评估视觉界面的时候，就有了理性和感性两个标准，也就能够更加合理地去评估和理解视觉设计。

9. 总结

光是写下这八个领域，已经用了洋洋洒洒几千字，如果每个领域都要花时间去学，实在是感觉时间不够用。

我的建议如下：对用户研究的纵深领域（第1～4项），从底层开始，将每一个领域作为一个专项去学习，安排较多的大块的时间；对其他领域（第5～8项），大部分可以用碎片时间去学习，毕竟追求的是知识广度，时间不够的情况下保持多接触、多思考就好了。也可以参考敏捷迭代的方式，第一轮先掌握各个领域的基本知识，之后继续迭代，每一次迭代都让T字的横轴和纵轴都长一点，这样就能够在知识的深度和广度上都不断得到提升。

第 2 章
To B产品设计研究

2.1 关于用户故事地图的多种用法

作者：方馨月

之前读完 Jeff Patton 的《用户故事地图》觉得是一本好书，但是一直没有机会去实践。最近在工作中使用了用户体验地图进行"工作汇报"应用的开发评审，发现在讨论过程中，思路更加清晰、交流更加顺畅了，具体表现在：

（1）开发人员能够很容易发现产品设计的"坑"；

（2）小组成员的参与度更高；

（3）决策更加迅速，会议更加高效；

（4）会议结束后，有满意的讨论结果产出。

《用户故事地图》不仅仅讲述了什么是用户地图、怎么使用用户地图，也讲了很多团队协作的窍门，并且给出了很多实例。这里我直接从这本书的其中一个角度——"怎么使用用户地图"出发，结合一些自己的想法来写这篇读书笔记。

关于用户故事地图的使用，我按照自己的理解认为主要可以分为三个方面：

（1）产品的 [0，0.5]：新产品功能规划、发布规划；

（2）产品的（0.5，1]：需求讨论、需求拆解、优先级排序；

（3）产品的（1，＋∞）：产品优化。

下面将根据以上三个方面，详细进行说明。此前有两点需要解释：

（1）简单根据"是否需要开发人员介入"这一条件，将产品发布前分为两部分，即产品的 [0，0.5] 和产品的（0.5，1]。在开发人员介入前，更多的是产品经理如何进行产品设计，产品整个的基调和走向都是在这一部分定下来的。当开发人员开始介入后，就具体聚焦于功能的实现方面了。能否实现、如何更好实现是这一部分的主要问题。但是要解决这一部分的问题的一个大前提就是，开发人员要全面理解产品，大家脑海里的东西是一致的，这个是最艰难的问题。

（2）上面三点的"产品"，其实不仅仅指的是一个完整的产品，也可以是一个组件、一个大型功能。总之是需要进行思考、设计、开发，并在发布之后会有维护升级的一个模块。

1. 产品的［0，0.5］

当产品或某一个大型模块在进行功能设计的时候，可以采取用户故事地图的方式来梳理所有的功能点，并进行迭代周期的规划。

1）新产品功能规划之"产品全景图"

（1）目的：建立产品／模块的全局印象，有全局观，进而可以整体规划产品／模块。

（2）适用场景：产品经理（可能搭配交互设计师）梳理产品框架。

（3）所需资源：2～3名参与人员（包含产品设计者、产品决策者）；卡片／便利贴、笔。

（4）操作方式：

- 一边讨论，一边将想要的功能写在卡片上；
- 一边讨论，一边将功能分类，按照横向为模块名称，纵向为所属模块下的功能进行排列；
- 一边讨论，一边调整当前的布局（可剔除或添加卡片、调整卡片位置）。

▲ 产品全景图

（5）说明：

为什么是2～3个人参与？

对于有的项目，产品设计者和产品决策者是一个人，为什么还需要2～3个人呢？因为在我看来，一个人的想法是不完善的，但是如果是两个人合作则可以避开90%以上的产品漏洞，所以在产品功能规划的方面，更建议2人以上参与（当然如果遇到牛人，思维无漏洞，一个人建立产品全景图也是没任何问题的）。不建议3人以上，则是因为对产品指手画脚的人多了，只会越来越乱，产品设计层面要少而精。

如果只是理个产品逻辑为什么不用思维导图？

从操作方式也可以看出，这是一个需要团队合作的过程。思维导图更像是一个人的思维梳理，不利于多人的团队合作。卡片化的优点在于：①所有人都有调整布局的权限；②没有了屏幕的限制可以支持高复杂度的产品架构；③便于删减和备注；④便于后续的操作（后续很多用法都是建立在产品全景图上）。

2）发布规划

（1）目的：优先级排序，划分发布路线图。

（2）适用场景：产品经理（可能搭配交互设计师）确定产品发布内容。

（3）所需资源：2～3名参与人员（包含产品设计者、产品决策者）；产品全景图。

（4）操作方式：

● 按照产品的长线目标，对功能排优先级；

▲ 发布路线图

- 制定产品发布计划，确保每一次的发布内容都是MVP（Minimun Viable Product，最小化可行产品）。

（5）说明：

怎么划分发布周期？

聚焦于成果，明确每一个发布的版本希望能够达到什么样的效果；再就是，保证每一个版本都是当前情况下的MVP。我觉得书里面有一句话能够很充分地回答这个问题：

聚焦于成果，即产品发布后用户能使用和感知的东西，切分发布计划应该以成果为导向。

——《用户故事地图》，P56

2. 产品的（0.5，1]

当产品形态及功能确定后，则进入到需求确认阶段。这个阶段需要产品的所有设计者参与其中，但是主要将以开发人员为主，确认产品功能的可实现性。

1）需求讨论 —— 大家来找茬

（1）目的：与开发人员准确、高效地确认需求。

（2）适用场景：产品的某一个迭代，需要确认需求。

（3）所需资源：

- 7名以内项目参与人员（包含产品设计者、用户体验设计师、开发人员），开发团队负责人必须参与，其他开发人员尽量参与（如果人数超过7人，可以采用"金鱼缸协作模式"）；
- 产品全景图；
- 迭代功能的较详细文档（可能是Word文档、直接设计稿、更具体的故事地图）。

（4）操作方式：

- 各参与人员站在自己的角度，思考各功能点在流程中可能出现的情况与问题，挑刺与找茬；
- 根据刚刚的意见，优化流程或提出更好的方式；
- 将讨论结果在不同颜色的卡片／便利贴上写出，贴在功能点的旁边。

（5）说明：

为什么需要产品全景图？这样做有什么好处？

产品全景图可以帮助开发人员建立整个产品形态，使其完全清楚当前的整体开发内容，利于架构的搭建、代码模块化／复用等等。

需要注意的一点：在此过程中需要控制住，尽量不要延伸出新功能，也不要大范围地修改功能。如果大范围地修改了功能，也不建议直接以会议结果为最终结果。因为原本的方案是经过深思熟虑的，而人在会议上太过于兴奋的状态下容易冲动，冷静下来再思考一下方案也会发现会议上的结果可能存在很多漏洞。

2）需求拆解 —— story 下的 story 细分

（1）目的：将当前的story细分为开发人员可以接受、方便开发的story。

（2）适用场景：当产品的story颗粒度过大时，开发人员需要将story进一步细化。

（3）所需资源：与"需求讨论"的资源一致。

（4）操作方式：

- 在多方讨论下，将大的story按照开发需要进行拆分；
- 将拆分好的story写在卡片／便利贴上，贴在对应大的story下方／旁边。

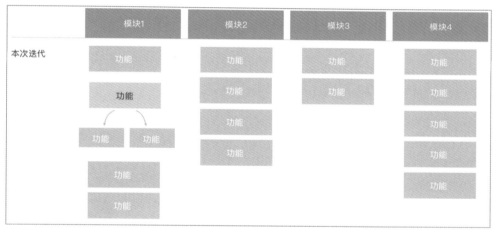

▲ story拆分

（5）说明：产品经理不要太过于干涉技术人员的拆分，在不涉及原则的情况下，他们怎么舒服就怎么来吧。

3）优先级排序

（1）目的：开发人员在一个迭代内，对开发内容进行排序。

（2）适用场景：在"需求拆解"后，很自然地进入到优先级排序。

（3）所需资源：与"需求讨论"的资源一致。

（4）操作方式：在多方讨论下，将已经拆分成颗粒度适宜的 story 进行排序。

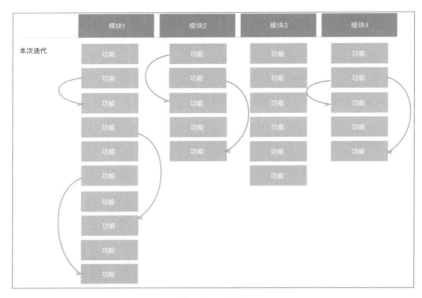

▲ story排序

3. 产品的（1，＋∞）

当产品的初版发布后，后续的工作就是优化和更新了。在此阶段可能会进行用户调研，那么调研的数据如何进行处理才能够反映更多的问题呢？这里提供一种方式，即用户体验地图（Experience Map），它可以用于完整地处理分析数据。但是在书中，还提到了一种叫作旅行地图（Journey Map）的方法，它可以使用在功能整盘复查的时候，来发现用户痛点、找出优化机会。这两种方法有极大的相似之处，所以放在一起来讲。

1）旅行地图

（1）目的：着眼全局，完整查看用户交互路径，发现用户痛点，寻找机会。

（2）适用场景：用户路径明确，产品复盘。

（3）所需资源：

- 3～7名参与人员（包含产品设计者、产品决策者、用户体验设计师）；
- 不同颜色的便利贴／卡片。

（4）操作方式：

- 按照用户操作路径，将每一个触点①按步骤写在便利贴上，横向排开；

---

① 触点：指客户与产品发生沟通的一切互动点。

- 在每个触点下方（沿纵向），标明用户的操作场景（例如时间、环境等可能的因素）、行动、问题；
- 团队人员浏览全局，针对每一个触点提出疑问，进行讨论；
- 得出痛点和收获。

2）用户体验地图

（1）目的：处理用户调研数据，确定产品的优化点与优化需求。

（2）适用场景：用户调研数据处理。

（3）所需资源：

- 目标用户的评价数据；
- 3～7名参与人员（包含产品设计者、产品决策者、用户体验设计师）；
- 不同颜色的便利贴／卡片。

（4）操作方式：

- 按照用户操作路径，将每一个触点按步骤写在便利贴上，横向轴排开；
- 将用户操作、评价数据（优/劣）、用户想法/感觉归类写在不同颜色的便利贴上，纵向排开；
- 综合每个触点上的评价数据，进行打分；
- 根据得分，调整触点卡片的高度，得分高的卡片位置越高、得分低的卡片位置越低，得出用户情绪曲线（Emotion Journey）；
- 全盘思考，找出机会点，将机会点写在便利贴上，贴在对应的触点下方。

3）两者的差别

其实关于"用户体验地图"和"旅行地图"的不同点，各种资深的用户体验设计师都有讨论过这个问题。我自己在私底下也有查询过一些资料，其中，在 YouTube 上找到了 *Mapping Experiences* 的作者 James Kalbach 的采访，正好提到了这个问题，他给出的回答是从本质上讲，两者都是一样的，都是借助一定方式去形式化用户的交互路径。但是两者还是挺不一样的，你可以认为旅行地图是整理用户操作路径的一种方式，但是用户体验地图更注重用户在每个触点交互时的体验。

关于《用户故事地图》这本书中"怎么使用用户地图"的总结到这里就结束了。其实这本书里面真的讲了很多很实用的方法，能够帮助你更好地协作、更好地思考产品。它能够让产品设计师、产品经理、交互设计师们去更有效地整理思路、找出解决方法、统筹全局。

2.2 用户画像烹饪课

作者：郑少娜

1. 什么是用户画像？

用户画像（Persona）的概念最早由Alan Cooper提出：用户画像是目标用户的具象化代表。这个定义中有两个重点，一是目标用户，二是具象化代表。

用户画像的目标是定义和呈现目标用户。既然是"目标"用户，其实应在产品研发的初期就定义好。这时引入用户画像，可以让团队对目标用户的关键属性有比较清晰和一致的概念，在此基础上进行设计和研发工作，可以大大降低沟通成本，少走弯路。但是很多产品往往还不大清楚目标用户到底是怎样一群人，就已经更新迭代了很多版本。于是需要借助用户画像在产品已经初步成形后去定义目标用户。这时的研究结果需要得到团队成员的认同，否则就成了用户研究人员自娱自乐的游戏，无法起到实质性作用。

对目标用户的呈现要具象化。具象化正是用户画像这一工具的核心特色，对于目标用户可以有很多种描述方式，为什么要用具象化的人物来呈现呢？首先，用户画像是一种团队协作工具（而不应把它当作工作的最终产出），由于团队规模可大可小、成员知识背景各不相同，目标用户形象足够生动、易理解、易记忆，才能让用户画像成为被团队广泛接受和讨论的实用工具，让团队对目标用户有一致的认知。其次，具象化的表达能够融合目标用户的多种属性、场景与需求，将这些从真实数据中提取出来的关键特性融合为一个虚拟的用户与故事，更容易引发共情，让产品团队更能够想用户之所想。

2. 用户画像有什么用呢？

（1）帮助我们定义目标用户。产品设计师必须明确其目标用户群，才可能知道如何去满足他们。"为所有人做设计"看似是一个为产品拓宽路子的好办法（也许我们总是很容易产生"目标用户很多，实际用户就可能有很多"的误解），但这只能创造出对所有人都可有可无的产品。

（2）帮助我们从用户的角度考虑问题。如果仅仅是粗略地定义了用户群，而对用户的属性和心理特点没有足够的了解，那么我们在设计决策的过程中很可能自以为能够代表用户。但不应该存在这种"我即是用户"的思维，而应该假设"用户不是我"，从"用户"的角度去考虑问题。

（3）提高协作效率。有了用户画像之后，产品设计过程的很多讨论都会变得简单。我们常常会发现团队讨论了很多议题却总是达不成一致，因为大家在"用户是怎样的"这种根本问题上都没有一致的认识。

3. 一个好的用户画像是怎样的？

David Travis对于什么是令人信服的用户画像，给出了七个很简单好记的标准（七个单词的首字母组合起来刚好是PERSONA）：

Primary research：画像的数据应该来源于真实用户；

Empathy：角色需要足够丰满，能够引起读者的同理心；

Realistic：角色看起来是否足够真实，可以邀请常常与用户打交道的同事检查；

Singular：角色定义清晰，每个角色具有独特性，较少交叉；

Objectives：该角色是否有与产品相关的目标，对这些目标要有清晰的定义；

Number：用户角色的数量需要足够少，使团队能够记住每个角色；

Applicable：用户画像是否能够被当作一种实用工具辅助决策。

这些标准可以用于做用户画像时的自我审查，而对于大量的围观群众来说，这些标准可以帮助你理解一个好的用户画像应该是什么样子的。

4. 用户画像烹饪课

烹饪课分为四个部分：

浏览食谱：我们可以做的菜有三道（三种画像方法），它们有一些共用的食材（研究步骤），在这个部分我们只要知道每道菜需要哪些食材，并且为自己挑选最合适的那道菜就好了。

准备食材：食谱中提到的那些食材分别需要怎么准备？根据你挑选的那道菜，在这里找到对应的食材。

开始烹饪：所有食材准备就绪，接下来就是烹饪（绘制画像）的过程了。

分享佳肴：美酒佳肴，邀谁共饮？

1）浏览食谱——选择细分方法

食谱上有三道菜，也是我们在做用户画像时可选的三种方法：创建定性用户画像、创建经定量验证的定性用户画像、创建定量用户画像。在食谱上我们会列出每种选择的适用条件，但选择哪种方法主要取决于以下这几个问题，因此不妨先花些时间去搞清楚这些问题的答案：

- 用户画像的观众是谁，为什么他们要用用户画像？
- 要怎样使用用户画像？要用用户画像来做什么类型的决定？
- 可以花费多少时间和资金？

下面可以浏览一下食谱上的三道菜，选择最适合你的那道，然后记下它需要哪些食材。

用户画像

	所需食材	营养价值	副作用	适用条件
定性用户画像	1. 定性研究； 2. 用定性数据细分用户群； 3. 创建用户画像	1. 成本低； 2. 简单，易理解； 3. 不需要统计分析技能	1. 没有量化证据，容易遭到质疑； 2. 实验者效应（提高了犯第 I 类错误的可能性）	1. 时间和资金资源有限； 2. 不需要量化证据，团队接受度高； 3. 在小项目中试用，犯错后果不严重
经定量检验的定性用户画像	1. 定性研究； 2. 用定性数据细分用户群； 3. 定量研究； 4. 用定量数据验证细分； 5. 创建用户画像	1. 结果更可靠； 2. 简单，易理解； 3. 不一定需要统计分析技能（简单的交叉分析也可以）	1. 耗时更多； 2. 实验者效应同样存在； 3. 定量数据可能无法支持定性的分类	1. 时间和资金充足； 2. 需要定量数据才能让团队相信和使用； 3. 对定性细分比较有信心
定量用户画像	1. 定性研究； 2. 形成细分选项的假说； 3. 定量研究； 4. 聚类分析； 5. 创建用户画像	1. 最严谨，不易受到质疑； 2. 最合理，通过统计分析工具迭代计算得出的是最优模型； 3. 最细致，能够关注到更多变量	1. 耗时最多； 2. 需要专业的统计分析技能； 3. 得出的模型未必好理解，甚至可能和现有的假设和商业方向相悖	1. 时间和资金充足； 2. 需要定量数据才能让团队相信和使用； 3. 希望找到最合适的模型； 4. 有理由相信用户画像会由多个变量定义，但是又不确定哪个是最重要的

2）准备食材——研究与分析

让我们回顾一下，食谱中提及的食材有定性研究，定量研究，用定性数据细分用户群，用定量数据验证细分，聚类分析。"创建用户画像"虽然也被写在了食材中，但是它是属于每道菜的最后一步，即开始烹饪的过程。

定性研究、定量研究都是关于数据收集的，因此有一些共同的注意事项：

- 我们最需要关注的是用户的目标、观点和行为；
- 对行为数据的收集是最可靠的，因此尽量去收集行为数据。

（1）定性研究比较适用的方法是访谈和情境调查。这是很基本的方法，因此这里只讲以创建用户画像为目的进行访谈和情境调查时的一些注意事项：

用户：①为避免遗漏掉某些类型的用户，需要找尽可能最大范围的不同用户进行访谈，可以根据已有的用户信息确定可能存在哪些类别的用户；②不只关注现有用户，还应该包括其他目标用户和流失用户；③按照经验数值，每个假设的细分群体访问5个用户（当然首先需要有一些合理假设），如果用户之间的差异很大，最多可以提高到10个。

话题：关注用户的目标、观点和行为，以下是可供参考的常用话题：①使用历史（初次接触、第一印象、使用经历）；②行业经验和知识（相关产品的使用经历、对它们的理解、自身的职业和需要用产品完成的相关任务）；③目标和行为（使用产品做什么、典型步骤、为什么用）；④观点和动机（对产品的评价、最喜欢和最不喜欢的功能）；⑤机会（对新功能的态度、需求）。

目标输出物：①细分用户群的候选项；②关于用户的一些假设。

（2）定量研究比较适用的三种方法是：

问卷调查：这是最常用的方法，可以了解用户目标、行为、观点和人口统计学信息；

日志分析：可以将得到的行为数据和问卷数据结合起来分析，也可以将分析得出的行为模式对应到每个细分用户群中；

CRM数据分析：收集已有的客户交易、财务等数据，与问卷数据结合起来分析，寻找内在关联，也可以用来判定每个角色的财务价值。

根据上面的菜谱，我们知道做定量研究可能有两种目的：一个是去验证定性的用户细分，一个是去创建定量的用户细分。根据目的的不同，在做研究设计时也应该有所区别：

验证定性用户细分：在经过定性研究之后，我们已经形成了关于用户分类的一些假设，即应该通过哪些关键属性去区分用户群。这个时候定量研究主要是为了解答以下两个问题：①假设的这几类用户之间，还存在着哪些区别？②假设的这几类用户之间，确实存在着需求的差异吗？创建一个清单，列出为了回答这两个问题需要去测量的属性，然后考虑这些数据分别用哪种方法去收集比较好。

创建定量用户细分：列出你认为可以用来定义用户群的所有候选属性（回顾一下之前做过的定性研究，或者跟团队的成员做一下头脑风暴），可以从以下几个类别去考虑：目标、行为、观点、人口统计特征。然后综合考量所有的候选属性，考虑最合适的数据收集方法是什么。

用定性数据细分用户群、用定量数据验证细分、聚类分析都是关于如何分析数据（以得出细分方式）的，因此也有一些共同的注意事项：

- 没有唯一正确的用户群细分方式，用户细分是从数据中发现模式和故事的一门艺术。这个过程需要不断探索和迭代；

- 当我们得出了一个用户群细分方式，思考下面几个问题，以评估这种细分方式是否合适：细分选项能够解释已知的用户行为的关键差异吗？这样细分出来的不同群体，差异足够大吗？这些细分群体看起来真实吗？足够简单吗？覆盖了已知的所有用户吗？这种细分方式对于决策会产生什么影响？

（3）用定性数据细分用户群的过程需要我们尽可能多地去探索，寻找最合适的细分方式，建议通过以下顺序考虑：

用目标细分：目标是有不同等级的，用户正在做的事情会有一个目标，对这个目标追问下去，会得到更深层次的目标，而若是刨根问底，往往就成了一个哲学问题。因此需要找到一个合适的尺度，明确我们要了解的是哪个层次上的目标。合适的目标解释了每种用户的独特需求以及不同用户之间的关键差异。

用行为和观点来细分：使用不同行为和观点的组合，有时能很好地定义用户群。可以选取几个关键变量（最好是两个，越多越难理解）形成多维象限，尝试对每一个象限代表的用户进行解释，看是否有足够的解释力和代表性。

（4）用定量数据验证细分是指我们已经根据定性的数据得出了一个细分的假设，这时需要用定量的数据去检验这个假设。我们可能假设用户的目标是细分用户群的关键属性，这时候我们需要通过定量数据验证，用户目标这个变量是否对用户的其他属性产生影响？即抱着不同的目标来使用产品的用户，是否真的会表现出行为、态度等方面的差异？根据所需的严谨程度和专业水平，可以采取不同的方式回答这些问题：

简单的方法：用Excel的数据透视表就可以了，分析假设的关键细分变量对其他变量的影响。

严谨的方法：用ANOVA分析目标不同的用户，在其他关键属性上是否存在统计显著差异。

（5）聚类分析（用定量数据细分用户画像）除了需要一些统计学知识之外，还有一种比较简单的方法：把所有你认为可以用来作为细分选项的变量放进统计分析工具中，通过聚类分析，可以得出一系列备选的细分方式。但是这些细分方式不一定合适，所以仍然需要通过多次迭代寻找不同的变量组合。聚类分析的步骤如下：

选择变量：通过前期的资料分析和头脑风暴，我们有一些首选的和备选的属性。建议从5 ～ 10个属性开始，然后按照需要增加属性。

决定用户画像个数。

分析过程：最常用的聚类方法是K均值法（K是指我们指定的细分组数）。

K均值法尝试在你输入的数据中，寻找K个中心点，把所有的个案分配到对应的K个组中，并保证K到组内所有数据点的距离最小。K均值的算法是随机（或者通过其他算法）把每条记录分配到K个组中，计算每个组的质心值（即均值），然后再把每条记录分配到离自己最近的质心值所在的组中，重复以上两步直到质心的位置不再发生变化。K均值法的缺点是分析者必须提供细分组数，而且未必能够得出有实际意义的细分方法。

评估细分选项：寻找一个差异足够明显、能够用于讲好故事的细分方式。

描述细分群体：收集到的定量数据有很多不会作为细分选项，但是它们仍然可以用来描述我们细分出来的用户群。

3）开始烹饪——从数据到画像

Alan Cooper给出了创建用户画像所需的几个步骤：

（1）描述关键差异：选择几个最典型的特征。只选最典型的几个就好，这便于大家快速了解不同角色的区别，即使牺牲了一些复杂的现实也没关系。

（2）取一个名字：避免几个角色的名字太相似，名字最好能够让人联想到用户画像的属性。在取名字的同时，为每个角色创建标签，会更加便于识别记忆。

（3）找一张照片：尽量符合这个角色的形象。不同角色的照片风格要一致。

（4）添加细节：包括个人信息（可以发挥创意，做出有根据的猜测，选择可以加强人物性格的细节，例如年龄、居住地、性格、家庭状况、爱好等）；职业和行业信息；计算机技能等。

（5）写个简介。

（6）加入商业目的：希望在每个角色中实现怎样的商业价值。

（7）确定用户画像的优先级。

（8）撰写场景：关于角色如何与产品交互的故事。至少为每个角色的核心目标撰写一个场景，讲好这个故事。

现在，我们的用户画像已经初见雏形。但我们还需要对画像做必要的润色和美化，这是因为：首先，创建用户画像这个科学与艺术并存的过程，当然需要有一些更加艺术化的产出物；其次（也是真正重要的理由），完成用户画像并不是故事的终点，我们希望团队把它当作决策工具，希望创建的用户画像可以像一个活生生的人一样渗透到我们工作的每个环节，要达到这个目的，用户画像就需要足够生动。

下图这个画像来自Silvana Churruca的网站UXlady，网站上有非常详细的关于如何绘制一个精美的用户画像的教程，可以作为创建用户画像的参考。

▲ 来自UXlady的用户画像

4）分享佳肴——推动和维护

终于完成了用户画像之后，我们希望它能够发挥应有的作用。用户画像不只是一个研究结果，它更应该是一个工具。我们需要向团队中的主要成员（产品经理、设计师、开发、运营等）宣传这个工具，向他们解释用户画像的数据是如何得出的，让大家相信用户画像的代表性。最好在研究和分析的过程中，就尽量让团队成员参与，这样能够降低推动的难度。除此之外，我们可以创建两个版本的用户画像：一个完整版本，一个简单版本。完整版本可以作为用户画像的一份完整档案，而简单版本只记录最关键的特点（想想如果你只有30秒描述这个用户画像，你会说些什么？），这是为了便于大家识别出不同画像的关键特点，并且能够比较容易地记住它们。

创建用户画像不是一劳永逸的事情。要保持画像的活力，我们必须常常进行维护和更新，尤其是在市场环境变化、产品战略变更的时候。即使这些因素没有改变，随着时间流逝、团队成员更替，用户画像也可能渐渐不复往日的光辉，这个时候要如何对用户画像进行更新和唤起，把团队成员心中的用户重新拉回到一条线上，也是一件很有挑战的事情。

2.3 产品设计需要考虑完整场景

作者：邓俊杰

曾经跟某产品经理讨论如何提升语音会议这个产品的体验，他们提到的点无非是提升语音质量、增加更多接入方式、更明显的会议提醒、会议过程中的控制等等。其实说来说去都还是聚焦于语音会议本身，虽然语音会议的核心领域有很多可以提升的地方，但是总会有个极限。就拿语音质量来说，假如团队使足了力气把语音质量提升到了人耳能够区分的最佳音质后，还要怎么提升呢？就像手机屏幕分辨率一样，提升到人眼能够识别的最高精度后，再做投入收效也不会很大。

语音会议这个产品如果单从产品本身来看，其实在体验方面的提升会比较有限，而且也很容易被诸如Skype、QQ电话、微信语音聊天替代。所以语音会议体验上的提升要拔高到会议的高度，把语音会议只看成其中的一个环节。

如果从会议的角度来考虑，那么就可以将体验过程分为三个阶段，即会议前、会议中和会议后。产品在做设计时也可以分别针对会议这三个阶段来做完整的场景考虑。

会议前这个阶段就涉及会议资源的预定、与会人员时间的协调、会议通知的发送、会议接入方式的确认，可能还会涉及会议室的准备、督促与会人员按时与会等。这个阶段有些事情的确只能靠人来完成，其中也存在很多痛点，单是重要与会人员时间的协调可能就十分麻烦。

所以一个好的会议预定系统首先要能跟公司的会议资源预定系统关联起来，例如它可以直接选择会议室、选择时间段、预定投影仪、甚至是音响、话筒等。如果是小公司没有会议资源预定系统，那么管理员也可以在后台做一些简单的会议室配置，这样不同的人预定会议时，就可以很容易看见哪些会议室被占用。

除了会议资源的预定，还可以比较方便地选择与会人员，如果能跟公司员工的组织架构、团队日历、考勤系统关联起来就更好了。这样就可以很容易看出选择的会议时间段有没有时间上的冲突，如果与重要与会者的日程安排有冲突，马上可以给出推荐的时间。

很多会议还会有一些背景材料需要与会者提前阅读，那么这个会议预定系统也要方便关联文件系统、网盘等，可以将相关会议材料附上。

预定完成后也可以一键发送出会议通知，与会人员可以接收到会议通知的邮件或者移动办公系统中的推送消息。大家都能清楚地看到会议时间、地点、其他与会人、接入方式等等。在会议开始前15分钟会有再次与会提醒。如果是语音会议接入的与会者，也可以在会议通知中一键接入语音会议。

可以看出仅仅是会议前这个阶段就有很多事情要处理，如果只是聚焦于优化语音会议本身，但会议的组织让人头痛无比，那么在体验上也是不完整的。

会议一旦开始，就属于会议中这个阶段。在这个阶段首先要考虑的是会议形式，如果考虑到要结合语音会议，简单来说至少有三种会议形式。

第一种是会议所有的与会者都不在同一个地方，即大家都是语音会议接入。这种场景下不同的与会者可能都是用手机接入，所处的环境可能是在任意地点，可能在办公室，可能在家里，可能在车上，可能在户外，可能在走路，可能网络信号不好。这个时候要考虑的就是如何去除背景音、如何在网络不好的情况下转换到普通电话、有人掉线了要如何提醒其他人等。

第二种是一部分人在会议室，另外有人在其他地方以手机上的语音会议接入。这种场景下，显然在同一个会议室的与会者不可能都用自己的电话接入会议，这时就需要一个公共的会议终端来接入，这样在场的人才能听清楚。这个时候可能还需要展示会议材料，那么就有投影仪、电脑的连接等情况需要考虑。

第三种是一部分人在一个会议室，另一部分人在外地另外一个会议室。这种场景下肯定两个会议室都是以公共的会议终端来接入。如果这个时候有会议材料需要讲解，那么就要考虑两个会议室的屏幕共享和同步了。

可以看到不同的会议场景在需求上也是有差别的，产品设计也要考虑到不同会议场景下的诉求，否则一旦遇到不能覆盖的场景，那么体验就会打折扣。

会议过程中还会涉及会议控制，例如把临时的与会者呼入进来、将某个与会者静音、手机接入时还要防止有私人电话呼入等。会议中还会遇到诸如投票的环节，那是不是可以利用语音会议给大家发送投票和统计呢？这也是可以考虑的。如果本次会议里有多个议题，每个议题都有一定时间，那么在超时的情况下还可以有提醒，防止讨论过于发散影响会议效率。

有的会议室的投影设备直接是一台智能电视和机顶盒，那么语音会议系统是否能快速搜索到设备连接起来然后播放文件？对于用手机接入的与会者是否也能在手机上看到材料的播放？这些材料是否可以很方便地从消息会话组、文件库、网盘、之前的会议通知中打开？

可以看出即使在会议中这个环节如果仅仅考虑通话音质也是不够的，有很多场景可以提升会议的体验。

会议结束后也有很多地方需要考虑。首先可能就是会议纪要的输出。会议纪要通常需要某个与会者手工记录一些内容，但是可以从会议通知中生成一个模板。这个模板包含会议的时间、地点、与会人、会议议题、背景材料等，这些信息都是现成的。同时如果会议过程中有投票和其他展示材料都可以附带上，这些是在会议过程中产生的，完全没有必要让做会议纪要的人到处去统计和寻找。

会议过程中可能还会产生一些工作任务，那么会议纪要系统是否可以方便地生成各项工作任务并分配给指定的人？当下次有相关的会议时，这些跟踪任务是否又可以被很方便地调出来供与会者查看？

通过会议通知生成的会议纪要模板，只需要手动录入一些信息，然后就可以一键发送给与会者了。不仅有会议上的共享文件、投票记录，还有工作任务的分配，这样的会议纪要肯定比普通的文字记录专业、有效得多。

所以我们在做产品设计和规划时如果仅仅聚焦于产品本身，那么在体验上的提升是有限的，必须要考虑产品被使用的完整场景。要有横向和纵向的思考，横向即可以打通周边的资源或模块（如语音会议跟会议预定、会议通知、组织架构、文件网盘的打通），纵向则是对一个场景的深度分析（如语音会议的三种不同形式）。

就如同假设微信仅仅有聊天功能，没有朋友圈、红包、支付、理财、游戏等，也就不能支撑"一种生活方式"的理念一样，只有考虑了完整场景下的体验，用户的感受才能够完整，对产品的依赖性才会更强。

2.4 基于场景进行的To B产品设计

作者：方馨月

在 To C 产品中经常可以看到基于场景进行的设计，例如旅游类 App 在获取你的定位后，给你推送当前城市相关的旅游信息；当你买完机票后，会给你推送目的地的酒店信息；支付软件在你支付后推送周围餐厅的优惠券等。

在 To B 产品中，存在的场景会更加复杂。因为 To B 产品更多是提供一个针对某个特定问题场景的完整解决方案，在这个问题场景中会存在特别多的角色。只要把握住"角色"这个问题，就可以在不同角色组成的小场景中，进行有针对性的设计。

在从 C 端产品设计转向 B 端产品设计时，非常容易忽视角色的区分。不同的角色在面对同一个功能的时候，需求会不一样。如果说能根据这个区分出不同的场景的话，将会更好地引导用户对产品进行使用。

面对一个功能，不同角色的主要工作内容肯定是有区别的。例如移动办公App中的签到轻应用，主要分为3个角色：签到管理员、经理（以经理为代表的管理角色）、员工。他们在面对签到的主要工作内容分别为管理签到规则、根据出勤计算工资；查看员工出勤情况并进行管理；签到打卡。那么我们就需要根据不同的情况进行引导。下面将以签到为例，讲一讲在对签到进行优化的时候，我们基于不同的场景做了哪些设计。

签到是云之家的一个轻应用，周活跃用户数量在轻应用中排名靠前，但是转化率一直稳定在比较普通的位置。分析了一下问题的原因，主要有两点：一是在客观功能性方面与竞品存在差距；二是存在设计上的缺陷，用户引导并没有做得很好。所以，我们以提高转化率为目的，对签到应用进行了分析和调研，并重新进行了设计。

那么如何根据角色进行设计呢？注意以下几点：

（1）需求的目的：设计之前的大前提是明确需求目的，以目的为准绳，防止自己在之后的思考走歪路。

其实这一点是非常重要的一点，对于比较复杂的功能，涉及角色较多的时候，设计师在经过长时间的深入思考后可能会出现思维跑偏的情况，时不时地回头看一看自己是否脱离了需求目的是非常有必要的。明确了功能需求的目的，才能够以此为准绳进行设计。

（2）包含的角色：明确涉及此功能使用的角色一共有多少个。

（3）主要角色是什么：找出主要角色。

（4）角色的场景：正确理解不同的角色在此功能下的使用场景。

（5）分角色进行设计：针对主要角色和次要角色分别进行设计。

各重点具体阐述如下。

1. 需求的目的

其实目的已经非常明确了，就是需要提高签到应用的转化率。但是，在此之前仍然需要进行调研。经过用户电话回访得出，用户放弃使用签到的原因总结起来有两个方面：

（1）功能性缺失：在竞品的比较下，云之家的签到功能覆盖面相对较窄，而相对复杂的场景没有覆盖到，导致用户在对比之下选择了竞品。

（2）设计上的问题：这个主要体现在"不知道怎么用""界面太复杂""找不到我想要的功能（但其实功能已经存在）"这三点。

针对第一个方面，功能性的扩充是一场持久战，需要花费很大的精力去解决。但是第二个方面却是设计可以比较方便解决的。所以，我们从第二个方面入手，去解决由于设计带来的转化率低的问题。

2. 包含的角色

这也是一个非常容易回答的问题，只要设计人员对于产品的情况充分熟悉，就能够很快地回答出这个问题。签到应用中包含的角色有：管理员（团队）、签到管理员、老板、经理、员工。

当角色过多时，我们需要分析角色的权限功能，看能否"合并同类项"。以上的 5 个角色，合并后变成了 3 种：

（1）管理员：在这个场景之下，签到管理员和管理员的权限功能都是一致的，就是"能否对签到规则进行管理"，我们通过这一个功能来定义用户是否为"管理员"。当用户拥有权限的时候，会对其进行针对性的设计。

（2）经理：即以经理为代表的管理层人员。在这种场景下，除了基本的签到功能外，老板和经理都是对员工的签到情况进行查看和管理的角色，区别仅仅是查看范围大小的不同。

（3）员工：被签到规则约束的角色，主要操作就是签到。

3. 主要角色是什么

管理员、经理、员工中哪一种是主要角色呢？如果按照人数来看的话，员工无疑是最多的，占据 9 成以上的比例。但是事实就是这样的么？

在进行调研以前会单纯地认为，同所有 To C 产品一样，签到应用也可能通过普通用户进行传播，并没有去思考更深层次的问题。但是，在接触用户之后才发现，To B 的产品传播模式跟 To C 的很不一样，由上至下的决策模式决定了管理员才是重点。

对于签到应用来说，能不能提高用户的转化率，甚至进一步带来新用户的注册，很大程度上依赖于决策人，他们的身份可能是 CEO、人力资源、信息部主管。即使身份不同，但是进入云之家的目的却是一致的：寻找能够满足自己公司的移动考勤方式。

一旦他们选定了软件工具，背后带来的可能是成百上千的高质量用户。并且，由于企业软件的迁移成本的问题，这一批用户很有可能在接下来的很多年都会持续使用你的产品。拿下一个决策者，带来的是一个团队的利益。

此外，由上至下的使用模式也决定了管理员的操作才是重点。这一点则非常容易理解，如果没有管理员建立签到规则的操作，则不会有经理查看签到记录的操作，也不会有员工签到的操作。

综合这两点也就不难得出，管理员才是使用产品的主要角色。

4. 角色的场景

在明确上述要点的基础上进行了调研，外访过几家使用签到功能的用户后，发现他们在使用云之家之前差不多都经历了同样的过程：

（1）公司有移动签到的需求；

（2）大型公司由信息部负责人或人事行政负责人接到需求进行调研和试用；小型公司由 CEO 自己进行试用；

（3）进入应用商店或搜索网站寻找并下载几款签到产品；

（4）管理员自己进行试用；

（5）试用过后选择其中一款在公司进行小范围试用；

（6）小范围试用通过后，全公司推广。

所以，管理员作为公司当中第一个接触云之家的人，打动他就变得无比重要。从以上内容我们可以得出一点比较重要的信息，那就是管理员进入云之家签到时，目的一般都比较明确。这个结论将会在后面的设计上用到。

再分析一下当前从签到切入进行产品使用的管理员，其使用流程大概如下：

（1）管理员带着需求进入软件商场，想挑一个软件让他们能够打卡；

（2）下载云之家；

（3）打开云之家；

（4）进入签到应用：管理员会看到一个大大的签到按钮，明白可以签到，但进入设置页面，却不知道如何进行操作，不知道如何让团队人员能够参与到签到中；

（5）选择放弃使用云之家。

这是一个从下载到放弃的典型过程。

所以是哪里出了问题呢？不难看出，是签到设置的页面出了问题。旧的界面是很单纯的步骤的罗列，界面看上去非常复杂，提供给用户的选择太多。我们将对这个页面进行重新设计。

5. 分角色进行设计

1）抓住关键词

通过上面管理员的流程可以发现，管理员在进入云之家时，多数是带着目的进来的。我们准备采用引导的形式让用户尽快明白云之家的价值。

B 端的产品引导比 C 端的产品引导重要得多，因为 B 端产品的用户在进行试用的时候，相对会更挑剔、严肃、目的明确。他们带着目的使用你的产品，希望能尽快地找到对应的方案，尽快看到产品的价值。在这种情况下如果还不能很快地让用户找到自己想要的功能、解决他的需求的话，用户极大可能就会放弃此产品了。

得出结论后，解决办法就比我们想象的容易多了。新注册并新建立团队的用户，在进入签到应用的时候，一定要充分展现产品的价值，才能拿下他。

各个公司的目的可能会不太一样，例如朝九晚五的公司需要的是固定班制的考勤；门店型的公司可能需要的是多个签到点能够统一管理的考勤；工厂类型的公司或者服务型行业的公司轮岗的岗位特别多，非常需要排班类的考勤方式。

每个公司对于签到的要求都不一样，当用户第一次进入产品的时候需要做到这一点：让用户找到想要的关键词，促进用户进一步试用的决心。所以我们做了这样的引导页面：

（1）只有管理员角色才可见（为了防止其他角色被打扰）；

（2）只在第一次进入签到应用的时候出现（用户在体验云之家的时候可能会进行重复性操作，引导页面表现完价值后目的已达到，不能够再阻碍用户的体验活动，需要保证之后操作的顺畅性）；

（3）信息尽可能简洁，一屏只展示一条信息。

2）第一次还是第N次

在分析数据的时候还发现了另一个问题，当签到组建成以后，用户使用起签到的可能性大大增加。所以，体现价值并不够，还需要让用户能够顺利地完成新建签到规则的操作。

旧的设计是一个步骤罗列，这只考虑到用户在完全适应了签到规则设置后，第N次进入的场景。但对于用户第一次进入设置页面的场景是不够重视的，而这个场景才是提高转化的重要场景。

新的设计是，当用户一个签到规则都没有建立的时候，做了这样几个改变：

（1）空白页展示签到组能够支持的功能，带入"弹性考勤""按部门考勤""新员工自动加入签到组"等关键词和短句；

（2）空白页有直接按钮引导用户新建签到组；

（3）操作流程化，将扁平式的信息转化为流程式的信息，让新建签到组更加顺畅。

以上改变让签到的留存率提高了十几个百分点。

总结一下，To B 产品一定要在充分理解了每个角色后进行基于场景的设计。当发现需求目的与角色有强相关性时，区分角色设计就是势在必行的事情了。

2.5 如何做好To B产品需求

作者：韦福裕

现在大部分的交互设计师，每天最多的工作协作内容就是和产品经理讨论需求或讨论产品交互细节。虽然会议或非会议形式的讨论是工作中必不可少的部分，但是过多的会议或没必要的讨论将是公司内耗的一种体现。

一个移动App项目研发规模可大可小，包括以下成员：产品经理、设计师（交互设计和视觉设计）、前端开发、后端开发、测试等。如何合理安排项目成员工作、确保项目顺利进行呢？清晰合理的项目研发流程控制很重要。

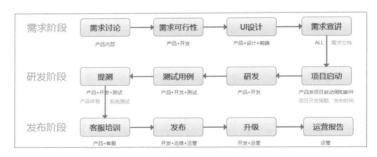

▲ 项目研发流程

项目研发流程一般来说分三个阶段：

第一阶段：需求策划。

需求讨论：讨论下需求重点是什么，做什么功能，怎么做。通过反复调研、讨论，输出交互方案。

需求可行性确认：产品在输出交互方案后找相应的开发人员讨论需求方案是否可行，这个讨论阶段产品和开发的思维方式不同，往往会擦出新火花、新惊喜。

UI 设计：设计师将产品的交互方案变得更生动精美，不过精美的设计稿不见得都能实现出来。在这个过程中产品经理需要协调设计师和前端人员的沟通，制定设计规范。同时保证设计稿的质量和出稿进度。

需求宣讲：产品经理将交互方案和实现逻辑完善以及将上版本的bug、其他优化需求等整合出完整的版本需求文档后，拉上项目所有成员进行宣讲。宣讲主要让项目成员清楚新版本需求的重点是什么，做什么功能，为什么做（重点）；简单介绍怎么做，讲解交互方案或设计稿，给大家一个整体的印象，让大家都了解版本功能的意义。

第二阶段：需求研发。

项目启动：需求宣讲后，开发根据产品需求文档进行需求评审，评估出研发周期、提测时间、预发布时间点、正式发布时间点。产品根据评审结果发送项目启动邮件。

研发：需求研发过程中，产品跟进研发进度，保持与开发沟通确保需求被正确理解，及时解决研发过程中发现的新问题。

测试用例：产品、测试、开发共同确认版本测试用例，并同步研发过程中变更的需求和细节。

提测：产品验收开发输出的功能模块，并输出体验回归文档；测试根据用例验证需求逻辑，给开发提出bug、优化建议。内网环境测试通过后，继续验证预发布环境、正式环境。

第三阶段：版本发布。

客服培训：测试验证的过程中，版本发布前，产品提前给客服培训新版本内容。

发布：后端开发、运维人员将代码发布在外网环境中，前端输出外网正式包。产品运营将正式包上传至各大安卓市场或App Store提审。

升级：当所有安卓渠道包更新好，或者App Store审核通过，新版本也没有发现什么问题时，后端开发和运营人员打开升级配置，并发送升级通知。

运营报告：版本发布完毕还未结束，运营人员在新版本发布后，需要收集用户反馈，进行数据监测、数据分析，评估新版本功能效果和影响，验证新版本功能以及输出下一版本的需求开发和优化建议。

互联网相关行业的从事者大概都比较了解这样的一个产品研发流程，但是在实际去执行产品研发时，有时总会忽略流程的某些部分。提出需求的形式业界也不一致，不同的公司，会有不一样的要求，行业有一个文档是用来规范需求的，称作产品需求文档（Product Requirement Document，PRD），然而有部分创业公司为了节省开发流程，故意简化产品需求文档，甚至还比较离谱地简化到一句话需求，如"我要做一个直播功能"。

需求内容的提出要符合SMART原则：

（1）Specific——需求必须是具体的、明确的，别模棱两可；

（2）Measurable——需求必须是可以衡量的，要能够评价它的好坏；

（3）Attainable——需求必须是可以达到的；

（4）Relevant——需求必须和其他目标具有相关性，没有意义的需求是浪费时间，要告诉对方意义何在；

（5）Time-based——需求必须具有明确的截止期限。

产品需求包含但不限于以下内容：

（1）产品功能：一句话描述该功能需求；

（2）需求目标（解决什么问题或痛点）：简单描述要达到的目的或解决什么问题或带来的产品价值；

（3）需求背景（来源）：描述需求的来源，例如来源于什么客户、行业，规模尽可能小到单位或个人；

（4）需求详述：尽可能详细描述各个功能点包含的各种情况的处理方式，可以附图说明，并确认各功能的优先级；

（5）业务流程与场景：可以使用流程图把业务场景表达清楚；

（6）关联业务：描述关联的其他业务功能；

（7）用户特征（用户角色或用户群特征）：描述目标用户群的特征，例如签到报表针对的是人力资源角色；

（8）竞品对标：列举相关竞品；

（9）评价标准：用来衡量需求的好坏，例如针对优化邀请外部好友的需求，优化的评价标准就是邀请流程的成功率要提升到90%；

（10）测试要点：提出测试关键点，考虑多平台、多终端的测试要点；

（11）性能要求：提出性能详细规格，例如加载搜索内容用时正常情况下不高于1.5秒，内容占用不到50MB之类。可以列举一些重点机型的性能要求；

（12）数据监控：提出埋点内容，收售数据，可作为评价标准的主要参考；

（13）市场运营：提出市场或运营成员如何配合宣传活动或SEO等内容。

举例说明：

产品功能：搜索外部好友时，支持搜索外部好友的团队名称和"备注"里所有字段，包含中文生成的简拼和全拼模糊搜索。

需求目标：方便用户快速找到外部好友发送消息或拨打电话。

需求来源：产品功能优化需求。

需求详述：

（1）在外部好友界面搜索框内默认提示搜索范围，如"姓名/电话/团队名"；

（2）支持姓名搜索（原功能），新增加可按姓名的拼音和首字母简拼搜索；

（3）支持团队名称搜索，用户可以输入团队名称搜索到该团队的用户，按拼音字母顺序排序（优先按最近联系人来排序，当无最近联系人时，按字母排序）；

（4）支持电话号码搜索，输入等于或大于3位号码时可进行模糊匹配，把匹配的外部好友按拼音字母排序显示（优先按最近联系人来排序，当无最近联系人时，按字母排序）；

（5）支持外部好友的所有备注字段搜索，例如手机、固话、传真、部门、职位、公司、公司地址等信息进行搜索。数字以3位及3位以上进行模糊匹配，中文和英文包括其他语言以1个字符进行模糊匹配。如果该字符多处出现，显示的优先级为姓名、电话、公司、部门和其他平级显示；

（6）当姓名、公司、部门、职位的内容为中文时支持拼音和首字母简拼搜索，其他字段不支持；

（7）搜索结果为空时提示"未找到'关键字'相关结果"；

（8）如果搜索关键字是姓名，首行显示外部好友的姓名并标识出匹配关键字，次行显示团队名称；

（9）如果搜索关键字非姓名，首行显示外部好友的姓名，次行显示匹配的内容，并标识出匹配的内容；

（10）搜索出现异常情况时：

如果是网络原因，提示"网络错误，请检查网络设置"。

如果是服务器原因，提示"搜索服务繁忙，请稍后重试"。

业务流程与场景：无。

用户特征（用户角色或用户群特征）：主要针对团队内部搜索外部好友，只记得某个非具体姓名信息的用户，例如销售客户、客服等。

竞品对标：钉钉、企业微信、纷享销客。

评价标准：方便按非具体姓名搜索找到外部好友；提升搜索外部好友的效率，在外部好友搜索界面减少用户一半的停留时间；提升搜索外部好友的准确度，在外部好友搜索界面搜索成功后可点击个人信息，进行拨打电话或发送消息等下一步操作。

测试要点：

（1）团队名、手机号及所有备注字段可以搜索到。

（2）拼音或简拼的字段，可以使用简拼和全拼搜索到。

（3）搜索结果的显示优先按最近联系过的人显示，其次再按拼音显示。

性能要求：输入搜索关键字进行匹配的时间正常的情况下，iPhone 5和iPod 4及以上，Android主要机型华为荣耀系列、Mate系列、魅族系列、小米系列、oppo系列、vivo系列不能超过1.5秒。

数据监控：点击搜索框次数、搜索框输入的字段类型、搜索界面的停留时间、成功能搜索到外部好友的下一步操作。

市场运营：无

功能需求越详细越好，可能有的人会说，产品经理提这么详细的需求，那设计师做什么？我想说的是，产品的功能需求越详细，越能证明产品经理本身已经很好地理解了用户需要什么以及各个阶段每个角色的工作，这样的产品经理才能更好地协调好各个产品角色朝同一个方向去努力。特别对于To B的产品来讲，需求越详细，才能让各个研发角色更好地理解业务流程，这样在需求评审时，我们才能看到各个功能是否能更好地满足产品要解决的问题或要达到的共同目标。

第 3 章
交互和视觉设计技巧篇

3.1 格式塔原则在移动办公设计中的运用

作者：王梓铭

1. 格式塔原则

首先简单介绍一下格式塔原则，它分成五个部分：

（1）相近（Proximity）：距离相近的各部分趋于组成整体；

（2）相似（Similarity）：在某一方面相似的各部分趋于组成整体；

（3）封闭（Closure）：彼此相属、构成封闭实体的各部分趋于组成整体；

（4）连续（Continuity）：人们倾向于完整地连接一个图形，而不是观察残缺的线条或形状；

（5）简单（Simplicity）：具有对称、规则、平滑的简单图形特征的各部分趋于组成整体。

2. 说明与举例

1）相近（Proximity）

人们通常把位置相对靠近的事物当成一个整体，下面用几幅图来说明一下。

如图所示，同样都是16个圆形，左图你会把16个圆形当成一个整体；但是右边那幅图，上面8个圆形和下面8个圆形各自靠得更近，所以你会把上面8个圆形当成一个整体，把下面8个当成另外一个整体。

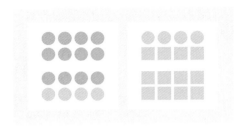

▲ 相近示意图1　　　　　　　　　　▲ 相近示意图2

　　这里需要注意的是，相近性作为第一条原则，它的"权重"非常大，大到可以抵消其他原则，例如为上面的圆形添加颜色，甚至改变其形状，人们也会把相近的事物当成一个整体。

　　那么相近性原则的实际应用，又有哪些呢？

　　最常见的地方就是一些功能列表页面，例如设置，或者像微信的"发现"页面那样的功能列表。大家会把"扫一扫"和"摇一摇"当成一个整体，而把"购物"和"游戏"当成另一个整体，这样可以让界面显得更加清晰，同时还能突出重点。这个列表的两头实际上是最突出的，像"朋友圈"和"小程序"。如果没有使用格式塔的相近原则，界面就会显得非常杂乱了。

▲ 微信"发现"页面示意图

iOS系统的设置，也通过位置亲疏关系来体现分组。

支付宝首页的元素虽然很多，但是根据相似性可以清晰地分为几组。

▲ iOS系统的设置

▲ 支付宝首页

2）相似（Similarity）

人们会把那些明显具有共同特性（如形状、大小、运动趋势、方向、颜色等）的事物当成一个整体。例如下方第一幅图，大家会把同行的正方形当成一个整体，把其他圆形当成另一个整体。第二幅图，人们就会把大正方形当成整体，把小正方形当成另一个整体。

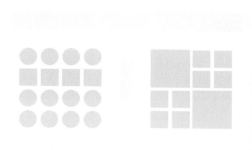

▲ 相似示意图1

　　而这里需要注意的是人们对形状、大小、共同运动、方向、颜色的"感受权重"是不一样的，在这里颜色属性会覆盖其他属性的影响。

　　左边这幅图，大家会把同行的正方形当成一个整体，加了颜色后的右图，就变成竖列圆形和正方形是个整体了。

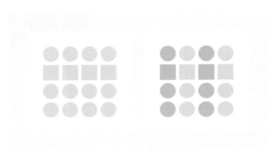

▲ 相似示意图2

　　前面提到了一个叫作"运动趋势"的东西，这里以安卓的交互规范为例，说明共同运动趋势。安卓的悬浮按钮，就是一个用了相似性（共同运动趋势）的设计，点击某一个，从下往上会出现多个操作按钮，虽然它们的图标不是一样的，但是因为同样是从下往上移动，所以人们会把它们当成一个整体。（这里要强调一点，前面提到的形状、大小、运动趋势、方向、颜色等特性，是可以组合使用的。这个悬浮按钮实际上用了共同运动趋势、相同形状、同一颜色，从而达到相似性的目的。）

▲ 共同运动趋势

3）封闭（Closure）

人会将不完全封闭的东西当成一个统一的整体，所以有些时候完全闭合是没有必要的。例如世界自然基金会的logo，就是一个典型的用到封闭原则的设计。熊猫的头部和背部并没有明显的封闭界限，但是我们依然会把它当成一只完整的熊猫。

那么封闭性原则又在哪里使用呢？

这一原则其实很多地方都用到过，不过一般不叫其为"封闭性原则"，而是叫"截断式设计"。为了让用户感知到还有内容未显完全，一般会使用截断式设计。像微信的钱包页面，

▲ 世界自然基金会logo

底部因为屏幕大小的关系被截掉了部分内容，但是用户可以通过残留的部分，"脑补"出下方仍然有完整的信息。

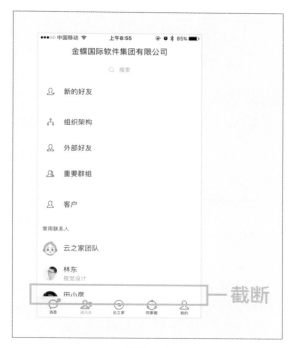

▲ 截断式设计

下图是印象笔记PC与Mac端多选笔记的显示效果，会将后面的图形视为一个封闭卡片（代表着一个笔记）的一部分，而不是视为独立的非封闭图形。

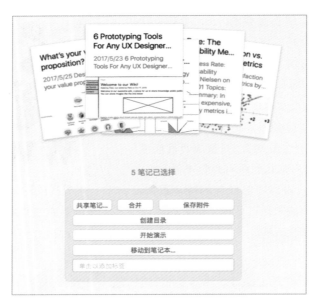

▲ 印象笔记多选笔记的显示效果

4）连续（Continuity）

一般人们倾向于完整地连接一个图形，而不是观察残缺的线条或形状。首先请大家看看这幅图片。

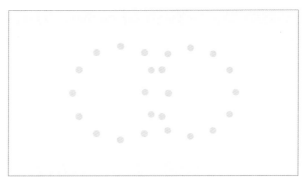

▲ 测试图1

大家觉得图里的是两个圆形，还是两个残缺圆和一个两圆相交的重合部分呢？
按照格式塔原则，笔者猜大家看到的应该是下方图中左边的两个圆形吧！

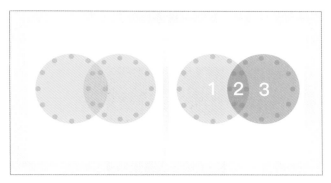

▲ 测试图2

这个法则一般在交互设计上会用得比较少，但是在视觉设计中会用得多一点，例如某些应用就喜欢把 App Store 上的应用详情做成连续的图片。

▲ 连续示意图

例如，在IBM的logo设计中，人们并不把这些元素感知为独立的横线，而是感知为整体的字母。

▲ IBM logo

交互上典型的例子是滑动条，如在 iOS 系统的亮度调节中，人们不会把图形控制点左右两边视为独立的横线，而是会在心中把它们连接起来，视为一个整体。

▲ iOS系统的亮度调节

5）简单（Simplicity）

具有对称、规则、平滑的简单图形特征的各部分趋于组成整体，给大家看一个例子。

左边的界面就是对称页面，所以人们会觉得左边的各个卡片是个整体，下方还有一个新的卡片。但是右边的卡片就不是了，因为整个页面不是对称的，用户可能会怀疑右边还有卡片。

▲ 简单示意图

3. 总结

看了这几个例子，估计读者也发现，其实这几个原则都是可以混合使用的。希望这篇文章可以帮助大家设计出更优秀的界面。不过，在这里要强调以下几点。

（1）以前读书的时候，对这些理论不屑一顾，但是真正工作后，才发现熟练使用这些理论可以极大地提高工作效率。

（2）原则不是一成不变的，熟练使用这些理论后，可以尝试"打破"这些原则，说不定可以创造出更棒的效果！

3.2 费茨定律在移动办公设计中的运用

作者：王梓铭

大家有没有想过为什么按钮越大，越易于点击？为什么相关按钮需要相互靠近摆放？为什么Windows系统要将"开始"按钮放在角落？这些设定的背后其实都蕴含着一条在人机交互中非常重要的定律——费茨定律。

1. 概述

首先来看看费茨定律公式。

$$\mathrm{MT} = a + b \times \log_2\left(\frac{\mathrm{D}}{\mathrm{W}+1}\right)$$

式中，MT 完成移动所需的平均时间；
a、b 回归分析得出的两个常量（它们依赖于具体设备和操作人员、环境等因素）；
D 从起点到目标中心的距离；
W 目标宽度大小（按照移动方向为水平方向计算）。

▲ 费茨定律公式

看起来复杂，但是实际上并不难，下面用一张图给大家解释下费茨定律是什么。当用户需要拖动黄色点到目标区块中时。

费茨定律中的 D 就是从开始点到目标中心的距离，而 W 则是目标的宽度大小。根据公式可以看到，a 和 b 都是常量，那么 MT（黄点从左移到目标中心所需的时间）的

大小取决于 D 和 W 的值。

当 D 一定时，W 越小，MT 越大；W 越大，MT 越小。

当 W 一定时，D 越小，MT 越小；D 越大，MT 越大。

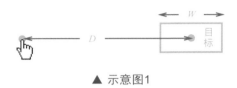

▲ 示意图1

解释一下就是：

当距离一定时，目标越小，所花费的时间越长；目标越大，所花费的时间越短。这是因为目标较小时，为了能对准目标使用者还需要做一系列的微调，所以耗费的时间就长了。

▲ 示意图2

当目标大小一定时，起点离目标中心的距离越近，所花时间越短；距离越远，所花时间越长。

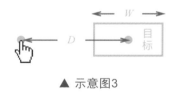

▲ 示意图3

2. 启示与案例

1）按钮越大越易于点击

正如前面提到的，如果想要让按钮的点击率更高，可以尝试将按钮做大点。

▲ 大按钮案例

2）将按钮放置在离开始点较近的地方

还是拿上面两个界面为例，大家有没有发现那两个大大的按钮是放在屏幕下方的？原因就是"将按钮放在底部可以使 D 变小"，要知道用户完成整个点击操作是要先将手指移动到目标上方，然后进行点击的。那么在这里 D 就是手指开始悬停的位置到目标上方的距离。根据研究表明，人们在使用手机的时候，75%的交互操作都是由拇指驱动的，而拇指悬停的位置恰恰就是屏幕下方。

那么对于 PC 端设备，又是如何使用这一定律的呢？

最常见的就是鼠标右键操作了。单击右键，鼠标的右下方或右上方就会出现一个快捷菜单，鼠标移动到对应按钮上，单击一下即可完成操作。

3）相关按钮之间距离近点更易于点击

对于一些相关性较强的按钮，可以考虑将它们放在一起，例如：

在设计 PC 端的翻页按钮时，就可以将"上一页"和"下一页"放在互相靠近的位置。

在设计注册、登录界面的时候，可以将"注册"和"登录"放到一起，如果想要突出"注册"则可以考虑将它的按钮做大点。

相关联的操作也可以尝试放在一起，这样做不仅可以在视觉上增强用户对它们相关性的认知，还可以减少它们之间的距离 D。

4）无限大的四角与四边

文章开头提出了一个疑问：为什么 Windows 系统要将"开始"按钮放在角落？

原因就是屏幕四角和四边的 W 无限大，W 无限大的话，MT 就很小了。像 Mac 的 Docker 更是将费茨定律发挥得淋漓尽致，当鼠标指针悬停到对应的图标上的时候，图标还会放大，从而加大该图标的 W。

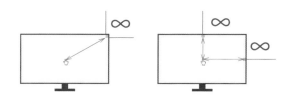

▲ 屏幕四角和四边示意图

估计大家又会有个疑惑，那就是为什么四角和四边的 W 无限大？

那是因为鼠标指针没法移动到四角与四边之外的地方。再怎么移动鼠标，指针也没办法移到屏幕以外的地方，所以它们就进入到了"无限可选中"状态。

但是，随着屏幕尺寸越来越大以及双屏幕的配置越来越常见，这个设计也变得没那么好用了，因为 D 变大了。同理手机端的四角与四边也是"无限可选中"位置，可以发现左上角按钮一般为"返回"，右上角为"确定"，因为手点击屏幕以外不会响应。但是在手机上依然会面临屏幕越来越大，按钮越来越不好点的问题。

3. 小练习

最后，我想跟大家一起做个小练习，那就是请大家和我一起设计手机的关机界面。

1）明确设计目标

首先明确设计目标为设计手机的关机界面。

2）明确约束与限制

明确了设计目标后，需要考虑设计的约束与技术限制有哪些？（这里先不考虑技术问题。）对于关机操作来说，本身是个非常高危的操作，一经生效就没法撤销了。那么这里的设计约束就有：此操作不能过于便捷、防止误触、如有必要需要有防呆操作。

3）将理论应用到设计中

根据约束，开始设计方案。在设计时，不妨将所学的费茨定律应用到设计之中，估计这里有读者会问，费茨定律不是教我们设计出易于点击的设计吗？很明显与你提到的约束相违背啊！但其实费茨定律不仅能正着用，还能反着用！例如可以尝试加大 *D* 和降低 *W*。

先尝试加大拇指到目标的距离 *D*，那么可以得出甲方案。这设计就是很多安卓手机提供的方案。

正如前面提到的第3条启示，相关的按钮放在一起更便于点击。但是实际上并不想让用户点击"关闭手机"而是希望用户点击"取消"，将两个按钮放在一起并不合适，那么可以尝试降低"取消"按钮的 *D* 从而削弱用户点击"关闭手机"的可能，并且根据费茨定律可以将"关闭手机"的 *W* 做小，从而得出乙方案。

但是这个方案还不够极致，这里我想跟大家明确另一点：*D* 的距离是可以创造出来的。触屏的伟大之处就在于它不仅仅有点击操作，还有滑动操作，通过滑动操作也可以创造出 *D*。如丙方案所示，完成关机操作的 *D* 实际等于"大拇指移动到顶部滑块的距离"加上"按住滑块滑动到右边的距离"。

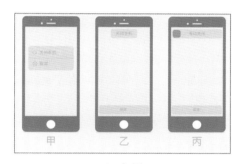

▲ 案例

为什么很多人会觉得 iPhone 的体验比绝大多数的安卓手机要好，看看这个关机界面就知道原因在哪里了吧。

4. 总结

最后，回顾一下费茨定律给人们带来的启示：
（1）按钮做大点（*W* 大点）更易于点击；
（2）将按钮放置在离开始点较近的地方；
（3）相关按钮之间距离近点（*D* 小点）更易于点击；
（4）屏幕的四角与四边是"无限可选中"位置；
（5）通过费茨定律的反向使用，可以降低按钮被点击的可能。

3.3 表单设计技巧

作者：王梓铭

1. 项目背景

用户在使用某应用时，反映预设的字段不能满足他们的录入需求。例如一些用户希望能录入客户的传真号码，而应用没有提供此字段。用户目标是能够添加、删除以及修改"客户"表单。

2. 设计方案

我在设计界面的时候，使用了大量的"拖放"设计。用户可以通过拖放的形式，将左侧预设的一些控件拖到界面中的手机内，同时用户还能修改控件的标题及提示语等。这样用户就可以根据自身需求，增添、删改表单。只有少部分系统默认的字段用户无法删改。

▲ 表单示意图

3. 方案总结

在设计的过程中，我发现拖放看似很简单，但事实上，拖放过程涉及大量细节，例如：

（1）用户怎么知道可以拖动？

（2）拖放对象的目的是什么？

（3）在哪里可以或不可以放置拖动的对象？

（4）通过什么视觉元素来表示拖动能力？

（5）拖动期间，怎样表示有效和无效的放置目标？

（6）是否允许用户拖动实际的对象？

（7）是否只允许用户拖动实际对象的幻影？

（8）整个拖动与放置期间，要对用户给出哪些视觉反馈？

在设计的过程中，我参考了Bill Scott与Theresa Neil所著的《Web界面设计》。在此书中，作者在第26页中提到：

在拖放期间，需要处理许多特定的状态。我们把这些状态称为趣味瞬间 (interesting moment)。

书中提到，趣味瞬间是由15个事件与6个相关元素组合而成。这15个事件分别叙述如下。

（1）页面加载：在所有操作发生之前，可以预告拖放功能。例如，可以在页面上显示一条提示信息，告诉用户可以拖放某些元素。

（2）鼠标悬停：鼠标指针悬停在可拖动的对象上方。

（3）鼠标按下：在可拖动对象上按下鼠标键。

（4）拖动启动：鼠标开始移动（在对象被拖动超过3像素或鼠标按下超过0.5秒时启动拖动）。

（5）拖动离开原始位置：可拖动对象离开了原来的位置或包含它的容器。

（6）拖动重新进入原始位置：可拖动对象又进入了原来的位置或包含它的容器。

（7）拖动进入有效目标：可拖动对象位于有效的放置目标上方。

（8）拖动退出有效目标：可拖动对象离开有效的放置目标。

（9）拖动进入无效目标：可拖动对象位于无效的放置目标上方。

（10）拖动进入非特定目标：可拖动对象位于放置目标和非放置目标之外的区域。取决于是否将有效目标之外的区域全都看成无效目标。

（11）拖动悬停于有效目标：可拖动对象暂时停驻于有效目标之上，但用户没有释放鼠标。此时，有效的放置目标通常会突然打开。例如，拖动并在一个文件夹上方暂停，文件夹会打开以示可以接受上方对象。

（12）拖动悬停于无效目标：可拖动对象暂时停驻于无效目标之上，但用户没有释放鼠标。这个事件有用吗？也许可以在此时对用户给出反馈，说明为什么下面不是一个有效目标。

（13）放置被接受：可拖动对象位于有效目标之上，而且放置已经被接受。

（14）放置被拒绝：可拖动对象位于无效目标之上，而且放置已经被拒绝。此时用不用把被拖动对象移回原处？

（15）放置在父容器上：可拖动对象放置在父容器之上时一般来说不会有什么特殊之处，不过在个别情况下，不同位置会有不同的含义。

在上述的每个事件发生时，都可以在视觉上操作一些相关元素，这些元素包括以下几个：

（1）页面（例如在页面上显示静态消息）。

（2）光标。

（3）工具提示条。

（4）拖动对象（或拖动对象的某个部分，例如模块的标题区）。

（5）拖动对象的父容器。

（6）放置目标。

最后，将这些事件与元素放进一个表格中，就会得到下表。

趣味事件

	页面加载	鼠标悬停	鼠标按下	拖动启动	拖动离开原始位置	拖动重新进入原始位置	拖动进入有效目标	拖动进入无效目标	拖动进入非特定目标	拖动悬停于有效目标	拖动悬停于无效目标	放置被接受	放置被拒绝	放置在父容器上
页面														
光标														
工具提示条														
拖动对象														
拖动对象的父容器														
放置目标														

每一个事件与元素的交叉点，都是可实现的行为。而上表就像一个备忘录，可以确保不遗漏交互期间需要处理的任何情况。但是，考虑到简洁的需求，不一定需要为每一个交叉点都设计一个行为。同时，在设计行为的时候，还需要考虑该行为是否适

合拖放。

《Web界面设计》中也提到，适合拖放的情况有以下五种。

（1）拖放模块（重新排列页面上的模块）。

（2）拖放列表（重新排列列表项的顺序）。

（3）拖放对象（改变对象间的从属关系）。

（4）拖放操作（在被放置对象上执行操作，例如拖动上传功能）。

（5）拖放集合（通过拖放集合操作，例如购物车功能）。

如果你设计的界面属于以上几种，那么拖放操作会是很好的选择。

3.4　重要的视觉设计原则——对比

作者：王觞曲

"你为什么这样设计？"

如果你是一名视觉设计师，一定遇到过这样的问题，或来自领导，或来自客户，又或者来自同行。

那么该如何回答？因为我觉得好看，因为这样比较合理？很多时候，设计或许是依靠直觉，又或许是依靠经验，你能做出一份满意的设计稿件却常常不能完整解释自己的设计思路。

如果你遇上了这样的情况，那么建议你要开始学一些设计理论。在罗宾·威廉姆斯的《写给大家看的设计书》中介绍了平面设计的四大基本原则：对比、重复、对齐、亲密性。在这几个平面设计原则之中，对比是日常视觉设计工作中使用最频繁的手段。

视觉画面由多个元素组成，设计师的任务就是将多个元素组合成一个完整的画面。完整的商业设计，必然是有需要表现的主体，这个主体不一定是单一的元素，也可以是多个元素的集合，可以认为所有主体元素的集合是一个整体，这个整体与其他元素的一切差异方式，都可以称之为对比。

大小对比：通过将主体物放大来与其他背景元素产生大小的差异，需要注意的是，在设计语言当中，大小都是相对而言的，不存在绝对的大与小。人们所说的大小是在整体画面中的占比。而为了达成大小的对比，这个比值需要具有比较明显的差异。并且这个主体的占比不一定说大就可以，有的时候小的主体与大的背景对比，也是能达成效果的。而在这其中最关键的就是对比的差异，这个差异越大，产生的效果就越强烈。

▲ 大小对比示意

虚实对比：这一方式通常被用于需要实景作为背景的情况，通过将背景或次要内容虚化模糊营造一种真实的镜头感，使画面产生景深，这样在一个二维的画面中可以使人感觉到空间的纵深。模拟人眼观察事物的真实表现，来让视线更多关注主体元素，达成差异的效果。使用虚实对比的时候，一定是主体元素为实，其他背景元素为虚。注意不要搞错主次关系。

▲ 虚实对比示意

色彩对比：在画面构成中色彩是非常重要的元素之一，我在学美术理论的时候，首先被告知的就是点、线、面、色是构成一切画面的基础元素。常用的色彩对比组合例如红绿、黄紫、黑白等这一系列的对比色能够给人以强烈的差异感，同时也能够快速将人的注意力吸引到画面上。当然色彩对比不仅是色相变化对比，也包括色彩的纯度对比，通过将多组元素的色彩提高或降低纯度，也是色彩对比的常用手法。

▲ 色彩对比示意

商业设计当中，一切设计都需要有强烈的目的性。也就是说，所有设计方式都是为了表现主题而使用。那么在你拿到一个设计需求时，就可以选择这几种对比方式来完成你的设计。

需要注意的是，这些对比原则并不是单一存在的，可以使用多种手法的结合来丰富人们的设计。当人类看到不同的元素会本能地产生紧张的反应，这是自然进化的生存机制，以使我们能迅速辨认出威胁，让我们快速判断是否需要立刻飞奔回安全的地方。

这种分辨异类的能力使"对比"这一方式变得特别强大，凡对比定会引起注意，这就是吸引眼球的方法。想要让某个元素得到注意，那就让它在视觉外观区别于其他元素即可。如此一来，便能制造出视觉焦点。事实上，正因为让元素从环境中脱颖而出的方法是如此简单，人们也不难猜测，如果想要让你的设计变得更加有趣，这或许也是一个最有效的方法。

3.5 黄金分割在界面设计中的应用

作者：王觞曲

作为一名设计师，相信大家一定听说过黄金分割，这个分割点的比值是1.618。这个比例被公认为是最能引起美感的比例，因此被称为黄金分割。在数学上这是一个很严谨的数字，但是在实际工作生活中，在人们对日常事物的感知中，只要它的比例是契合或者接近这个比值的时候，也会给人非常舒服的感觉。

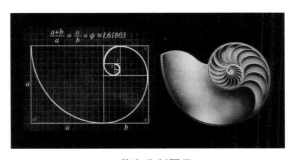

▲ 黄金分割图示

黄金分割或者黄金螺旋并不是人类的发明，它是广泛存在的自然规律。人类只是从大自然中归纳并总结出了这个独特的规律。一直以来人类其实都在使用它，从各种工具到远古的壁画。它不仅在美学当中使用，在工程学上也是一种稳定的结构。例如，在仿生学中就有很多建筑模仿海螺内部的力学结构。

初步了解这个规律之后，作为UI视觉设计师，如何运用这个规律让设计更加美观易用呢？

首先要明确一个原则，能够给人以美感的规律并不只有黄金分割，所有的规律都不能生搬硬套，而是需要在合适的地方运用合适的规律。

在设计界流传最广的谣言大概就是苹果logo是用黄金分割制作的。可以说，在这个logo当中确实是使用了一些黄金分割的规律，然而像图中所示涉及这么多的黄金分割线，很可能是"强行解释"出来的。

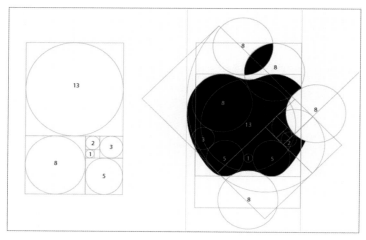

▲ 苹果logo黄金分割点分析

那么在界面设计之中如何灵活运用这个规律？先来了解一些比较简单的应用方式。

1）区块的黄金分割

在单个页面多模块的设计当中，经常会遇到几个大功能需要分割，这个时候就可以运用黄金分割的处理方式让用户获得比较良好的视觉引导体验。分割方式不局限于上下、左右，甚至倾斜的分割都可以达成。这样的分割方式会让布局显得更加稳固，同时会产生一定的视觉引导让人更加关注其中的信息。

2）模块的黄金比例

在创建单个模块的时候，可以考虑使用黄金比例的宽高来设计，使单个模块的视觉展示比例显得协调与稳固。当然也要考虑实际的需求，如果内容较多，模块无法容纳，也可以采用竖着的黄金比例，这都是不错的选择。

3）元素之间的黄金比例

这一点相对比较难理解，首先需要知道，页面中的元素不是独立存在的，它们之间因为功能是会有亲近性，那么在几个亲近元素组合时就可以将它们的整体大小比例设置得接近于黄金比例。当然由于有些界面元素过多，可能不太好掌握其中元素与元素之间的比例关系。我的建议是先从整体开始，首先考虑元素组合之间的比例关系，再去考虑元素组合中元素与元素之间的比例关系。这样的比例关系可以在页面中构建出更加良好的视觉信息分层，让用户更快地去关注我们做出视觉引导的地方。

在简单了解了几个基本的规则之后，再来看看一个综合了多项黄金分割与黄金比例的界面该如何构建。

下图是我在实际工作中设计的一个很普通的详情内页，看起来似乎清爽简约，没有什么特别出彩的地方。但是仔细观察一下，就会发现这个页面的可操作区域非常多。我是如何让这么多的操作看起来清爽简约、层级明确的呢？

▲ 云之家CRM界面设计案例

拿到的实际原型图其实是比较复杂的，页面当中大约有至少13处可操作区域，除了需要遵照iOS设计基本规范外，必须将这么多的操作全部塞进一个小小的640×1136像素的界面当中，还要主次分明。（需要说明的是，iOS的尺寸并不是符合黄金比例的矩形，所以再次强调不要生搬硬套。）

首先我划分了功能区，用大色块分离了两个区域出来，可以看到区域1与区域2的对比就大致相当于黄金分割，切分了两个大的区域之后，用户在使用界面时，注意力首先被吸引到黄金分割线以上的色块当中，也就是区域1当中，这是整个界面中我需要用户首先注意的区域。

在完成了区域1的设计后，你可以看到我把可点击操作都集中在了黄金螺旋点附近。

再看图中所标明的红线部分，就是黄金分割线处。这个区域上下是用户在观察完了区域1之后会注意到的第2部分，也是界面集中的操作区域。而之所以要把这个分割放在黄金分割线处，就是为了保证用户的视线在完成了对区域1的浏览之后能够快速转换到区域4。

区域2面积最大，也最适合浏览复杂信息。为了给用户更加清晰的信息展示，我把间隔区域拉大，留白与内容的占比粗略估计也会在4∶6左右。

这样，在保证了功能性之后，结合黄金分割，我将操作区合理进行了视觉主次的分配，并且在一个功能页上保证了一定的美感。

从这个例子中不难发现，黄金分割的应用并不是单纯的套用规律，而是要结合你的目的对元素的主次做一个合理的视觉分配。好的视觉体验是用户对产品的第一印象，善用黄金分割，能够帮你将设计完成得更加合理、更加容易在第一时刻抓住用户。

3.6　如何做好视觉设计走查

作者：伍慧珊

作为一名合格的视觉设计师，把界面设计出来就算完成工作了吗？不，还有最后且至关紧要的一步——视觉走查。

1. 为什么这最后一步至关紧要？

进入开发阶段时，虽然视觉设计师已经把视觉稿标注和切图给到开发了，但是开发出来的界面不一定能达到100%的还原度。所以这个时候视觉设计师的走查工作就起到至关紧要的作用了，因为如果没有对开发出来的界面进行视觉走查，实现出来的界面还原度没有达标的话，最终会导致产品整体的用户体验下降。

2. 视觉走查的前提条件

视觉走查并不是设计师一句话决定的事情，不是说着"这里不好看，要改"或者

"这里不是我想要的，要改"，就直接让开发去修改。要做好视觉走查，首先需要为开发提供高质量的标注图和切图，同时这也是视觉设计师和开发工程师讨论视觉还原度的一个依据。

3. 关于标注

（1）建立一个完整的视觉控件库，使用时可直接参考控件库里已经被标注好的字体大小、颜色，按钮输入框等的控件编号，减少重复标注的时间。

示例	通用单位	编号
标准字	19	FS0
标准字	18	FS1
标准字	17	FS2
标准字	16	FS3
标准字	15	FS4
标准字	14	FS5
标准字	13	FS6

▲ 字体大小编号

示例	色号	编号
■	#1D1D1D	FC1
■	#768893	FC2
■	#A4ABAB	FC3
■	#EA5950	FC4
■	#3CBAFF	FC5
■	#FFFFFF	FC6

▲ 颜色编号

（2）考虑界面的极限情况而不是最优情况，包括字数限制、最长显示范围、当内容为空时的缺省状态等。

（3）与开发进行充分沟通，包括界面实现问题、在标注图上无法表达清楚需要当面沟通的问题、细节问题等。

（4）借助标注工具提高标注效率。这里推荐一款标注工具——Zeplin。设计师把设计稿导入Zeplin后，它可以自动生成标注信息，项目组内的前端工程师可以直观地看到色值、元素间距、交互流程、区域大小、文字大小及颜色等信息，同时能对项目进行简单统计，例如有多少页屏幕、多少种色彩和多少条注释等。这款工具不仅能解放设计师的双手，同时能节约和前端工程师的沟通成本，提高团队协作的效率。

▲ Zeplin界面示意

4. 进入走查

什么时候开始走查最为合适？

进入太早如界面的内容还没开发完全，视觉设计师就开始走查，这样做即使查出来有问题，也是在做无用功，只会打扰到开发的进度。

进入太晚如产品准备上线前再做视觉走查，一是查出的问题开发可能来不及改动，二是即使能改动也可能会产生新的问题，耽误了发版进度。

最好的时间点是当开发已经把视觉界面呈现得差不多了的时候，在测试环境打包，视觉设计师就可以进入走查，检查视觉效果，保证在发布于正式环境前完成视觉走查验收。

▲ 视觉验收时间点示意图

5. 如何走查?

（1）检查页面的一致性。对照交互流程图和视觉效果图，检查是否有缺失的界面；检查每个界面的视觉元素是否有缺失；对照标注图，检查按钮、元素之间的位置、反馈状态、报错等样式是否一致；检查动画效果是否一致。

（2）检查极限状态与缺省状态。在一般场景下可能发现不了极限状态与默认状态的视觉效果，所以在测试的时候我们要创造条件。此时设计师需要和测试工程师合作，在后台创造一些假数据或者空数据来做视觉走查，检查特殊场景下页面是否会出错。

（3）多平台、多设备之间的检查（针对移动端）。对于同一个需求，同一个设计图，不同平台的开发团队是不同的，所以针对安卓与iOS开发出的界面需要分开进行走查；同一个平台下不同分辨率的界面也要分别进行走查，例如界面在iPhone 5系列的尺寸和在Plus系列的尺寸所呈现的效果可能大相径庭，走查的时候需要检查不同屏幕尺寸下的页面视觉效果是否合理。

▲ 视觉走查结果示意图

（4）发现设计遗漏问题。一个需求在每个环节都可能会发现问题，所以当进入视觉走查的时候并不代表视觉稿就是完美无瑕的了，当发现问题的时候应及时修补，不要以害怕发现问题而忽略问题。如果上线后才发现问题，返修的成本就会更加大。

6. 走查沟通

视觉设计师检查完所有界面后需要整理成文档与开发进行沟通，沟通的形式有很多，可以根据团队和具体情况做不同的处理。

（1）线上共享文档协作。利用线上共享平台，将所有对应的开发拉到项目组内，设计师把走查出的问题归档开放给项目成员，开发工程师能快速找到问题并修改。这种方法的优点是协作性强，对应的开发能同时看到所有页面的问题，如果有项目成员不在也能及时由其他成员跟进；及时性高，走查到的问题能及时发到文档里；整体性强，所有问题在一个整体文档里，方便检查。缺点是难以管理问题责任人，须随时查看走查进度。

▲ 共享平台示意图

（2）建立任务分配。利用任务管理平台，将走查问题以任务形式提交给对应开发。优点是便于管理问题责任人，规范视觉走查问题，跟踪问题进度。缺点是不灵活，每条问题须记录成一条任务；对于交叉问题难以找到对应开发；项目中有人员不在难以及时跟进。

（3）与对应开发一对一单独沟通。设计师找到对应的开发——单独沟通。优点是灵活，能及时讨论问题当面解决。缺点是难以跟踪问题进度，须随时与开发沟通；对于交叉问题难以找到对应开发；缺少规范化管理，难以管理问题任务，容易产生遗漏问题。

7. 跟进走查结果

设计师不要走查一遍就完事了，认为开发一次就会把所有问题都改完上线，其实这只是走查工作的一个开头。

在测试阶段，设计师把走查问题反馈给开发工程师后，开发工程师会根据问题做修改。然后发新的测试包出来，设计师根据已修改的问题进行复查。如果修改还是有问题，需要再反馈给开发，同时如果发现新的问题，也需要反馈给开发优化。通过不断的复查和优化，确保在正式上线前把问题全部解决。走查跟进是一个不断循环的过程，也是一个与时间赛跑的过程，需要设计师的细心和耐心。

▲ 视觉走查流程

视觉走查是一个繁复的过程，也是不容忽视的关键一步。需要在用户拿到产品实际使用前，尽可能解决掉使用中存在的问题，让用户有一个良好的体验。

3.7 如何提高文本易读性

作者：丁珍

排版设计是UI设计师的基本功，但或许是因为它太基本了，很多时候设计师都会直接忽略它的存在，导致最后的实现效果不够理想，手中的产品看起来总是差那么一点点。尤其是对于一些注重阅读体验的页面来说，每一个细节都可能成为致命伤。

艺术是无依据可循的，但是文字排版却不同。下面就排版中的字体样式、留白大小、对齐方式、色彩对比度四个要素来简单谈一谈如何科学提高移动端文本的易读性，提升设计质感。

1. 大前提：明确设计目标

所有的设计都必须在这个前提之下进行。以下提到的数值只是一个参考，更重要的是想通过页面传递给用户的信息。明确设计目标，并以此对设计进行调整。否则，设计的意义便不存在了。

2. 字体大小

通过字体大小去凸显内容、区分层级是一种设计趋势，同时也是iOS 11的设计思路之一。那么，如何选择字体大小能达到比较好的效果呢？

Material Design对方块字主标题和内容文字的大小分别定为24sp和15sp，24/15=1.6，接近黄金比例；Airbnb的主标题和内容文字的比例同样接近黄金比例。

方块字		
中文、日文和韩文	Display 4	Light 112sp
字体粗细： Noto CJK 有和 Roboto 匹配的 7 种字体粗细，使用和英文相同的字体粗细设置。	Display 3	Regular 56sp
字体大小： 从标题（Title）到说明文字（Caption）的样式，字体大小都比对应的英文样式大 1px。对于大于标题的样式，则使用和英文相同的字体大小。	Display 2	Regular 45sp
	Display 1	Regular 34sp
	Headline	Regular 24sp
	Title	Medium 21sp
	Subheading	Regular 17sp, (Device), Regular 16sp (Desktop)
	Body 2	Medium 15sp (Device), Medium 14sp (Desktop)
	Body 1	Regular 15sp (Device), Regular 14sp (Desktop)
	Caption	Regular 13sp
	Button	Medium 15sp

▲ 字体大小

实际上尽管黄金比例的字号对比在移动端是一个适合突出主题的比例，是一个"美"的比例，但并不一定是一种适合阅读的比例。一个以阅读为主的页面在字号选择上可能需要较小的比例，若是你在字号的选择上缺乏信心，也可以用一些工具进行辅助选择，例如Modular Scale（Adobe的排版负责人Tim Brown创建的工具），其中囊括了历史上最令人满意的几种比例关系，通过这个比例进行匹配至少可以保证不出错。

▲ Modular Scale界面

3. 文字留白

"留白"即在版面中留出空余的空间，处理好留白能提升阅读舒适性。对于一篇文章而言，留白从小到大分别有文字中的空白、文字与文字之间的空白、行与行之间的空白、段与段之间的空白，留白面积的大小也要遵循这个顺序递增。

行间距的设定：行间距的设定直接影响了视线从前一行末尾移动到下一行开头的难易。行间距过高导致视线分散，容易游离；行间距过小则容易影响视线的移动，让人找不到正在阅读的是哪一行。普遍认可的做法是将行高设置为1.5 ～ 2.0em之间。在这个基础之上，字体样式、大小、行宽还会对行间距的设定有一定的影响。

段间距的设定：段落与段落之间需要有一定的距离，如果这段距离过小，同样影响视线的移动，过大则容易导致上下文的联系变得松散。普遍做法是将段间距设定为2.0em。

4. 对齐方式

文本的对齐方式主要有四种：左对齐、居中对齐、右对齐以及两端对齐。一般来说，移动端文本的对齐主要采用的是左对齐或两端对齐，这里简要谈一谈这两种对齐方式的优劣。

左对齐：代表应用主要是豆瓣、简书、知乎。左对齐容易造成右端留白过多，整体视觉失衡，但是这种对齐方式不破坏文字本身的起伏和韵律，能保证较好的阅读体验。

两端对齐：代表应用是微信读书、部分微信公众号。两端对齐可以保证段落文字整齐划一，成规整的块状，但是打破了文字和字间空白之间形成的韵律，阅读起来未必舒适（特别是在大量使用英文的情境下）。

左对齐　　　　　　　　　　两端对齐

▲ 对齐方式

5. 色彩对比度

一个优质的页面需要有足够的色彩对比度。对于阅读的内容来说，对比度过强和过弱都是不利于阅读的，Material Design中推荐的文本对比度为7：1，最小值为4.5：1。

前段时间我在产品的某个不知名的角落发现了这样一个页面，看起来不是十分舒适，文字和背景的颜色对比度太低。

于是我开始探索有什么方法可以去科学地衡量这个对比度，而不是单纯凭靠感觉。最近终于发现有许多网站可以对色彩对比度进行检查。我用其中一个网站对这个页面进行了测试，可以看到它的文字对比度是3.96：1，除非加大

▲ 对比度低的页面

字重，否则它就是不合格的。

▲ 对比度测试结果

6. 制定你的排版风格指南

说了这么多，其实最重要的还是规范。规范是指制定一个团队中每个设计师都信服并且遵循的排版风格指南，来标准化团队设计师的文字。如果设计仅仅凭靠感觉，团队中每个设计师会有不同的感觉，最后做出来的页面也是五花八门，这是很可怕的。

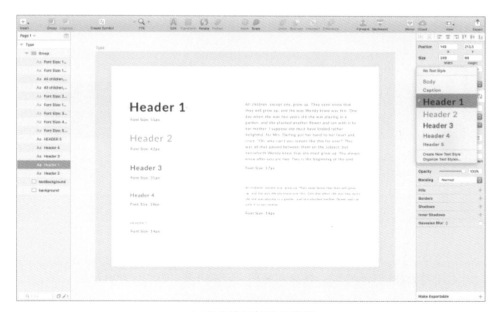

▲ 字体排版规范示意图

　　最后，优秀的设计还离不开设计师负责到底的精神。前文所提到的大小、间距、对比度，在前端和产品经理的眼里只是一个数值，他们并不知道每个数值间的微小区别对一个页面来说会有多大的影响，可能会因为种种因素调整你的设计。所以，设计师必须用一丝不苟的精神对你的页面负责到底，这样才能最终产出一个充满设计质感的界面。

3.8　移动办公产品设计案例

作者：郝莹莹 & 方馨月

1. 项目背景

1）云之家是什么

　　云之家是一款移动办公产品，基于即时消息和轻应用（类似微信小程序），帮助企业打破部门和地域的限制，提升工作效率，激活组织活力，帮助中国企业快速实现移动化转型。

▲ 云之家V9版本主界面

　　产品功能包括：基础功能，例如消息聊天、通讯录、邮件、企业云盘、语音会议、审批、工作汇报等；行政功能，例如签到考勤、活动管家、公告、请假等；企业文化功能，例如同事圈。

▲ 云之家应用界面

2）面临的问题

问题一：云之家跟微信、QQ有什么区别？

▲ 三款应用界面对比

这个问题几乎是每一个新接触云之家的用户都会问的。这并不是简单的"软件不够差异化"，而是产品本身的定位和产品架构所反馈出来的结果。这样的产品架构带来的问题就是：

（1）无法很好体现产品价值：产品壁垒搭建不完全，差异性无法体现，优势无法体现。

（2）用户转化意愿弱：一般用户都是在用微信或QQ来办公，包括传文件、签到、发业绩报表、发定位等。

（3）相对于IM软件效率并没有明显提升：将聊天作为移动办公主体功能带来的结果就是功能的散乱、不方便寻找、处理工作的用户路径更长。

当产品将 IM 作为中心时，方向已经产生了偏航，等于将产品定位到一款"聊天+OA功能"的组合。这样的情况下，用户自然会将你的产品与微信、QQ产品进行对标，认为你是一个稍微特殊一点的聊天工具。在这种情况下，产品特点不突出、IM 的使用体验又没有微信稳定、及时，如何冲破重围？

问题二：我们真的高效吗？怎么能够更高效？

如果说，办公类产品是为了提高公司或团体的工作效率，解决工作上的问题的话，云之家真的高效么？

看看V8版本，应用繁多，功能不够集中，缺少一个总结的区域，也没有一个统一的入口。团队之间的协作，是需要通过应用来打通的。云之家作为一个平台，如果能在平台上打通，是不是就能够给用户更好的体验了呢？

问题三：如何发挥我们的优势，抢在对手的前头去做一些事？

在功能上跟友商拼，云之家并没有明显的优势。那能在哪里下功夫呢？我认为，要有更加贴心、更加人性化的体验，在使用情感上，给用户更大的舒适感。我们不需要营造"受控"的效果，我们希望云之家是每一个人独一无二的"家"，就像在家里办公一样舒适和贴心，希望这个软件里是处处充满关心和爱的。

2. 改版目标

在以上的问题下，这次的改版目标就比较明确了。

（1）有效的差异化：调整产品架构，以"工作"为核心、聚焦于"我"。

（2）高效：缩短用户路径，区分用户角色，让工作一目了然。

（3）舒适：给用户舒适和贴心的使用体验，甚至是感动。

针对这 3 个目标，提出了以下的改进措施。

1）有效的差异化——调整产品架构

不要为了差异化而去差异化，应采取有意义的、有效的差异化。先来看一看，改版前的云之家架构是怎样的。

▲ 改版前的产品结构

（1）用户首先进入"消息"模块；

（2）用户需切换 tab 进入工作台才能选择应用。

"工作"才是移动办公的主体，"沟通"是为了更好地服务于"工作"，所以重新定位了云之家的产品架构，将核心定义为"我的工作"。也就是说，让产品聚焦于"我"——也就是每一个用户自身，并且主体为"工作"。

将"我的工作"作为核心模块即用户的"首页"，用户在每一次打开云之家的时候就能够看到这个模块。

下面来看一看修改后的产品架构。

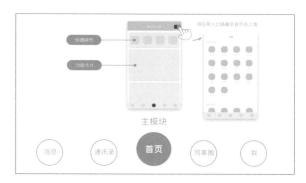

▲ 产品结构调整思考

（1）用户首先进入"首页"模块，看到的是快捷操作和卡片，都是与工作相关；

（2）首页快捷操作和卡片支持自定义，都是用户关心的内容；

（3）卡片内容都是待办内容，让待办工作一目了然。

旧的架构是散乱的，着重于沟通及连接。但是，工作并不仅仅是沟通，沟通只是过程。举个例子，就类似于开会这件事一样，将大家聚集到一起，讨论一个问题，讨论的过程不重要，重要的是得出结果、分配任务，让每个人都能负责自己的模块并共同完成任务。新架构的"首页"就是想要达到分配任务并追踪落实的目的。

2）高效——路径、角色、综合

作为 To B 产品，两个情况是经常面对的：

（1）多角色：如管理员、经理、员工、人力资源经理、IT人员、销售人员等，不同维度、不同场景要有不同的角色划分。

（2）功能广而杂：为了满足同一场景下各个角色的需求，功能覆盖必须广。

云之家所提供的轻应用非常多，不同角色对于不同轻应用的依赖性不同，甚至在同一个轻应用里对于不同的功能依赖性也不同。

所以作为用户经常面对这样的问题：从大杂烩中筛选自己想要的功能，然后经过一个很长的路径到达自己想要的功能页面。

为了达到高效，从3个角度做了处理。

（1）减少路径——功能模块化：将产品现有功能进行拆分，"快捷操作""卡片"都是拆分的表现形式。用户可以直接从首页点击 1 次就能到达想要的模块，或者是快速地处理业务。

将现有的功能操作进行分类，可大致分为两类：

可脱离上下文的操作：这类操作是可以脱离上下文的，例如"签到""写汇报"等。

不可脱离上下文的操作：这类操作往往需要了解具体信息后才能进行，提供的信息不同，操作结果可能会不一样。例如"审批"，审批人需要对单据进行审批时，必须了解单据的具体内容，才能进行审批操作，选择同意或退回。

根据这两类的不同，我们将拆分的功能分成了两类表现形式：快捷操作和功能卡片。

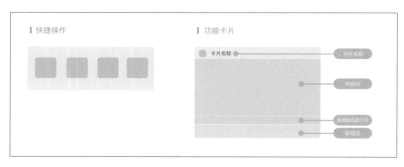

▲ 两类功能的表现形式

（2）缩小范围——区分角色：找出对于产品和功能影响最大的一个因子"职能等级"，据其将用户区分为"员工""经理""老板"三个角色，并根据不同角色进行工作台的配置以及功能权限的安排。

（3）综合聚焦——自定义功能的集合：提供功能自定义，让用户能够将自己想要的功能添加至首页，并且各个卡片着重于"待办"，也就是说，通过首页可以将用户的待办项目全部汇总，让用户能一目了然，知道今天需要做什么。新旧产品下查看"出勤报表"的路径对比如下。

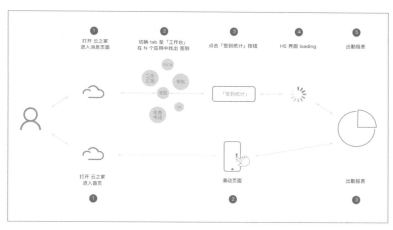

▲ 新旧对比示意图

3）舒适——视觉与情感化设计

随着互联网时代的成熟发展，人们上网已不再只是为了获取信息，极简的界面、舒适的阅读感、强有力的视觉冲击、微动效的惊喜感都成了提升用户体验的重要部分。

▲ 视觉设计Moodboard

云之家品牌形象的关键词是年轻、时尚和酷。根据关键词开展头脑风暴，在每一点上抽取出更符合云之家的词。

个性、多样化　　　　　前卫、简洁　　　　　炫酷动效、独特差异、
色彩艳丽　　　　　　　　　　　　　　　　　　视觉冲击

▲ 关键词拓展和提炼

在关键词的基础上，经过很多轮的视觉方案的评审，最终产出以下两个方案。

▲ 主页的不同方案设计

我们对比一下这两个方案。

方案一中，一整个首页模块所有的东西都是跟工作相关，用户在打开云之家的时候可能会有一些压力和抵触。这个是不利于云之家的产品建设的，特别是员工角色，更会感到抵触和反感。为了缓解这种情绪我们添加了一些情感化的设计。

方案二在界面的头部开辟了一个比较大的区块来进行设计，通过背景、动效、文案的结合来传达一种"陪伴"的感觉，让用户觉得云之家一直在身边陪伴着自己、给自己加油打气。很显然，最终确认的是方案二，下面来更详细地解析下方案二。

（1）"年轻"：为了体现个性多样，背景会随时间变化，并采用刺激感官的色彩。

▲ 色彩思考

（2）"时尚"：界面采用留白与色彩的完美搭配。

▲ 设计界面风格

（3）"酷"：炫酷动效、独特差异、视觉冲击、随时间变化的背景，共同创造着独特新颖的"酷"产品。

（4）颜色和图标的新定义：新界面中色彩更加稳重，图标更加优雅和沉稳。

3CBAFF　　E9527D　　EA5950　　F06B36　　FDA32B　　5DC863　　34C094　　34C9E3　　4990E2　　716EED

▲ 颜色选择

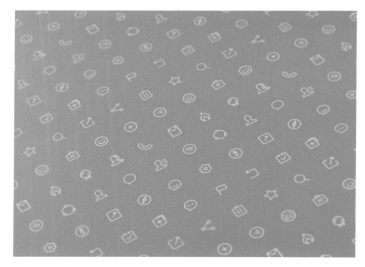

▲ 图标设计

（5）卡片式设计：卡片设计其实是一种新的设计思路或风格，而卡片式设计的本质，是更好地处理信息集合。它在栅格的基础上更进一步，将整个页面的内容切割为多个区域，不仅能给人很好的视觉一致性，而且更易于设计上的迭代。而另一个典型好处是卡片可以将不同大小、不同媒介形式的内容单元以统一的方式进行混合呈现，取得视觉上的一致性，例如Google和淘宝等也都在使用卡片式的设计。基于产品内容本身我们也选择了卡片式的设计。

（6）情感化设计：头部添加温馨的文案，让用户以轻松饱满的精神进行一天的工作。通过时间段、节假日、生日、节气、天气等维度，根据不同情况进行不同的情感关怀与提醒。

文案也从分类、时间、角色三个维度进行了划分：

分类：一共有19个情感分类（如早起、领导力、管理、鸡汤、午休、正能量、鼓励、晚饭、健康、加班等），涵盖了当前可能存在的大部分情景；

时间：从早到晚一共有10个时间段，不同的时间段展示的内容不同，特别是在午饭、午休、晚饭、加班、深夜等，让用户在每个时间段看到的内容都不一样；

角色：角色分为 3 类：老板、经理、员工；老板角色与管理、管控力更加相关，更加偏大局观；经理角色在强调管理能力的时候，会更加活泼、年轻一些；员工角色则比较接地气，更加口语化和生活化。

▲ 情感化设计

此外，根据不同时间段背景，绘制了八张插画，用户可进行分享。

▲ 插画设计

（7）趣事雷达，让工作更有趣：当在"首页"下拉界面的时候，会出现一个"趣事雷达"模块，通过这个模块，可以与身边所有的趣人趣事连接起来。例如楼下的7-11便利店有优惠活动、大神在直播、你关注的女神就在你身边不远处、给最近合作的小伙伴点个赞、下班约定一起拼车回家等等。

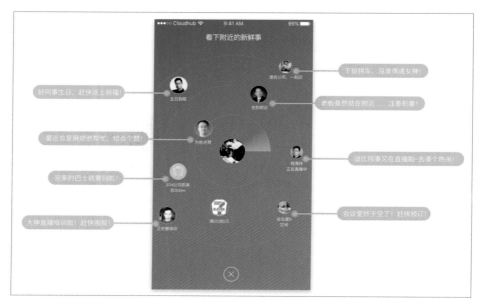

▲ 趣事雷达设计

从上面的设计历程可以看出，产品的设计在最开始就要分析现有问题并设定目标，分析用户场景和趋势，再遵循一定的设计方法和原则进行实践，并勇于打破常规。

总结：

（1）有时候跳出对手限制的方法恰恰是忘记他们在做什么，明白自己的长处并发扬它。

（2）对一个产品太熟悉的结果就是"很多怪异的地方都被当做理所当然"，打破这个局面的方法就是在任何地方（特别是觉得压根儿不需要的地方）多问几个为什么，这个结果可能就是突破点。

（3）不要害怕行业规则，不要被行业规则所束缚。你的思维是自由的，你的产品也是。

第 4 章
平台建设和生态系统设计

4.1 为什么要构建平台控件库

作者：蔡诗琪

1. 关于产品、平台、生态系统三者之间的关系

1）产品：效用、利益、体验

产品是指能够供给市场，被人们使用和消费，并能满足人们某种需求的任何东西。产品一般可以分为5个层次，即核心产品、基本产品、期望产品、附件产品、潜在产品。产品遵循3个要素：对于用户来说有什么效用、能给用户带来的利益是什么、体验是否良好。

2）平台：整合、互利、共赢

连接自身产品：当自身的产品不止一个，通过整合打通、连接到一起的时候，对于产品自身而言的平台就产生了。如苹果的iCloud将其硬件相互打通，苹果的产品自身就形成了一个平台。

衍生其他产品：是指一种基础的可用于衍生其他产品的环境。这种环境可能只用于产生其他的产品，也有可能在产生其他产品之后还会是这些衍生产品的生存环境。平台化还和共享经济有关，就是把很多资源共享，从以前的竞争走向合作，不再是以我为中心，而是去中心，所谓"'我们'比'我'更聪明"，利用群众的力量，实现互利、共赢。

3）生态系统：共生、跨界、平衡

生态系统的本质是良性循环，也就是共赢。这里用大自然中的生态系统来形象地

比喻非生物的物质和能量，即生产者、消费者、分解者之间的良性循环。放在云之家上是指应用商店、平台开发者以及用户三者的良性循环，而云之家将会慢慢转变成开发者的监督者。

4）以苹果生态圈为例了解三者之间的关系

简单来说苹果生态圈就是硬件+软件（5大操作系统：Mac OS、iOS、TV OS、Watch OS、Car Play）+服务（互联网服务、售前和售后服务）+零售（电商、官方实体店、授权实体店）+配件授权（MFi）。

苹果生态主要体现在软件层面，由应用市场中的无数节点（应用程序）构成了苹果软件生态圈。而苹果的硬件，只有手机、平板、电脑，甚至手环等，由于它们节点数量有限，最终只不过形成了苹果的一个硬件产业链，没有形成生态链。

产品和平台的关系：在当今市场要想获得成功，必须拥有两个战略资产：让人欲罢不能的产品和有效平台。产品之间通过有效的连通从而搭建平台，而平台则超越了企业的内部资源，将价值升级到了企业相关的利益体中（包含前面提到的共享经济概念）。

平台和生态系统的关系：平台为构建良性循环的生态系统奠定基础，而生态系统则提供共生的良性循环闭环。

三者之间的关系：产品是基础，平台搭建产品持续生存的环境，生态系统则让开放式的互赢平台最终的利益落脚点回到产品生产者。

苹果对不同角色的应对逻辑如下。

苹果对产品：生产-整理-沉淀-超前；

苹果对用户：了解用户-基于用户所需-制定平台规则-在用户反馈需求前来告诉用户"你需要什么"；

苹果对开发者：提供平台-互赢-监督。

苹果生态系统的优点如下。

操控上消除不确定性：除了生产，苹果制定了整个游戏的规则，这将使得整个环节的不确定性降到最低，也使苹果能对每个环节都提供专业的服务。

便利开发者：对于开发者来说，统一产品模型对代码，尤其是界面的适配带来了巨大的便利。这点相对于Android来说体现最明显。

品牌打造：这将决定消费者的品牌认知感，不管是哪一个产品都能让人察觉到苹果品牌的烙印，这是一个无与伦比的宣传。

良性的生态循环：苹果提供很好的平台，开发者通过开发软件受益，用户通过使用产品获得更多的服务，苹果又从中受益。

不同产品间的连接：iCloud的出现将苹果各个设备之间的物理屏障彻底打破，实现各个设备之间的资源共享。

苹果系统和其他系统对比如下。

硬件带动软件，封闭系统：苹果利用iPhone、iPad、iTunes等产品形成封闭系统，通过硬件产品带动iTunes内容消费，获得长期收益；

业务精简，闭源生态：苹果精简的业务线更易形成闭源生态，索尼因为业务线太庞杂导致打通的成本增加，最终难以形成统一生态；

其他系统：基于开源安卓的小米难以像苹果一样形成封闭系统，它的收入更多地依靠硬件来驱动。因此小米在积极投资内容和硬件开发，以此获取更多收益。

2. 结合云之家分析产品到平台再到生态环境建设的要素

说完产品、平台及生态系统之间的关系，将云之家放置于以上三点之中进行分析。目前云之家属于企业级的产品，基数很庞大，迫切需要先在产品之间打通、构建平台，再来谈云之家的生态系统建设。在产品构建平台的阶段，对于产品内部的沟通，云之家通过首页进行了打通；对于衍生其他产品的平台构建，则有望于云之家的应用商店。

对于构建平台，云之家目前属于整合阶段，而控件库则是整合的成果。云之家的官方控件库YUNUI也诞生了两个版本，基于在产生YUNUI的过程中发现的问题，我们进行了一些探讨。

1）控件库是什么

说白了控件库其实就是像苹果系统、安卓系统中控件的体系化整合（包括视觉样式、交互方式及控件代码）。

对于产品而言，控件库是保证用户体验高度统一的基础，还是有效控制用户体验的根基。

对平台及生态系统而言，控件库是从产品进一步搭建平台的关键，是搭建生态系统的基础。

在企业级产品的研发过程中，会出现不同的设计规范和实现方式，但其中往往存在很多类似的页面和组件，给设计师和工程师带来很多困扰和重复建设，大大降低了产品的研发效率。

控件库则是为了解决重复建设问题，对设计和开发内容进行的沉淀。旨在统一企业级产品的前端 UI 设计，屏蔽不必要的设计差异和实现成本，解放设计和前端的研发资源。除此之外，还能对内建立公司设计及开发生态，对外打造品牌以获得更大的影响力。

2）别人的控件库是什么样的

（1）苹果的控件库iOS UI遵循三大原则。

遵从：UI应该有助于用户更好地理解内容并与之交互，并且不会分散用户对内容本身的注意力。

清晰：各种尺寸的文字清晰易读；图标应该精确醒目，去除多余的修饰，突出重点，以功能驱动设计。

深度：视觉的层次感和生动的交互动画会赋予UI新的活力，有助于用户更好理解并让用户在使用过程中感到愉悦。

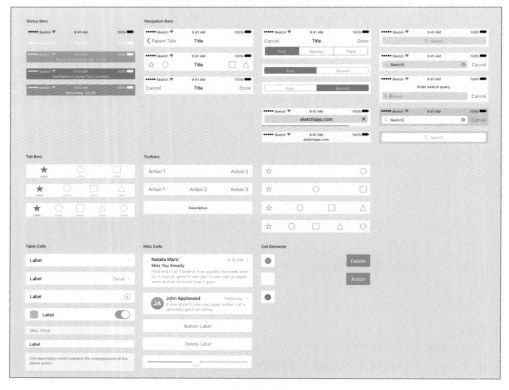

▲ iOS UI

（2）谷歌的控件库Material Design UI则贯穿"设计即功能"的概念，引领产品设计潮流。未来 Chrome OS 和 Google 自家的行动版网站都会一律以 Material UI 为共同的设计语言，使得 Google 旗下的服务更一致。

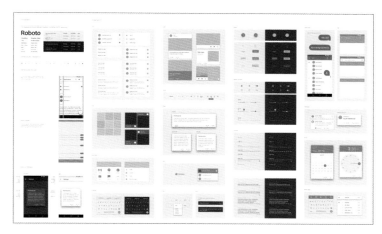

▲ Material UI

3）为什么要建立控件库

统一：产品的日益强大及功能的增加，迫切需要统一的规范。它能够对旧产品进行统一的调整，也为之后诞生的新产品提供制作的规范，给用户带来体验统一的保证。

释放：屏蔽不必要的设计差异和实现成本，解放设计和前端的研发资源，将精力更多投入到创新上，同时为第三方的接入提供更加规范的引导和更加便利的引入，而不是反复使用原始的人工提供规范，减少开发后由于不符合接入平台的标准而反复让第三方返工的尴尬。

沉淀：控件库的建立已经是企业级产品的行业标准，是对设计及开发资源的沉淀，也是对产品价值的沉淀。

操控：为复盘提供有价值的数据，能够为之后产品调整发展方向大大减少成本，如在控件库中更改视觉规范即可实时改动所有样式等，可以说是为产品迭代打好地基。

4）不建控件库会怎么样

无法统一：产品的实现没有统一的规范，实现出来的用户体验不统一，给用户不舒适的体验。若没有统一体验的产品，更无法建立统一的平台。

重复：大量的重复内容让设计及开发资源无法投入到创新的工作中去，设计及开发人员则会一直重复工作。

不确定性：在产品设计及开发的过程中，沟通及理解的差异无法很好解决，更多的时间要花费在把观念达到一致的工作上。实现的结果存在差异也需要很大的修复成本。

总结：建立控件库是从产品进步到建设平台的第一步。

4.2 设计规范和组件化

作者：杨婷婷

1. 设计规范和组件化是什么

如果说设计是视觉语言，那么每个产品都有属于它的语种，而每个语种都有它本身的语法，视觉语言的语法就是规范。设计规范是整理产品界面内可复用的元素和提高团队协作效率的一个参考文档。大致分为产品的设计规范（对内）和平台性规范（对外）。设计规范可以帮助团队实现内部设计的一致性，团队内的每个人都应熟知和使用。

2. 为什么需要设计规范

1）产品体验一致

产品内不同业务的视觉界面会由不同的设计师协作完成，这样就涉及配色是否和谐、列表的高度是否统一、图标的风格是否一致。

在日常工作中，常常会听到这样的声音："那个列表里的文字你用的多大的字号""那个按钮你用的多少像素的宽度""按下效果以哪个为准"等等。这时候就需要制定一个有效的设计规范，对色彩、图标风格、各元素尺寸大小进行约束，形成一个标准的控件库，这既保证了产品交互方式和整体视觉风格的统一，也降低了沟通成本。

2）团队协作

设计师根据业务模型结合设计规范的标准控件，可以快速地输出高保真视觉稿，正常流程中，设计师还需要输出详细标注说明和切图输出以及走查验证反馈结果。问题来了，设计师们在标注设计稿和走查的过程中消耗的时间大都多于完成一个设计稿的时间，原因在于团队内的各个角色没有很好地利用设计规范，也就是说不仅是设计师需要设计规范文档，研发人员也需要对应的一套组件库。设计师和研发人员共同沟通拟定的设计规范会更完整和实用，减少了因为认知差异反复沟通的成本，提高了团队协作效率。

对于设计师而言，减少花在重复工作上的时间，能够更顺利地推进工作和管理自身。设计规范可以避免反复输出类似页面的设计稿件，减少繁琐的设计稿标注。控件的复用，避免了设计师因为"一个像素"之差对每个页面反复走查而变成"斗鸡眼"，当然有了一个比较高效的工作流程，设计师也可以有更多的时间和精力去思考如何提高产品视觉体验。大家可以更加专注在问题的解决上，而不是花了大把时间在基本组件的设计上。

对于研发人员而言，不用完全依赖高保真设计稿，可直接调用组件进行开发。在产品快速迭代下，研发人员可以直接参考交互稿甚至原型流程图，调用组件库，快速实现复用样式的页面。当视觉样式需要更新时，只需要修改组件内的样式，相应的页面一并也会被更新。例如一个色值需要修改，而涉及的页面太多，修改起来时间成本太大。组件库就能较好避免因为时间而无法落地的设计方案。

3）设计归类

通常一次大的设计改版，会衍生出一套新的设计规范，产品经历的每一次改版都会有对应的设计规范输出文档以及规范制定的背景，既可以回顾之前的设计，也有利于根据历史文档，总结优化出新的设计规范。在团队中有多个设计成员时，也有助于更好地管理设计文档，规范化设计和输出。新入职的设计师则可以根据文档，快速上手工作。

3. 如何去制定设计规范和组件

1）明确目的和适用范围

制定设计规范之前，需要先确定以下问题。

（1）规范的适用范围，是对内还是对外；

（2）规范的主题，可以说是设计DNA；

（3）规范的模块和分类，需要参与的部门和人员。

2）了解和参考规范

在制作规范前期，可以先了解通用的国际化规范（例如iOS/Android设计指南），移动端的产品目前是依托于这两个平台，那么在制定自己产品的规范之前可以参考下这两个平台的设计规范，参照它们的技术文档结合自己产品的需求做出相应的调整，这里值得注意的是，不用刻意追求差异化而改变用户在平台上体验的一致性。

3）思考

先有设计稿还是先有设计规范组件呢？两者其实没有绝对的先后顺序，可以根据自己团队情况决定。大致分为两种：

（1）从零开始的产品。产品还是一张白纸的时候，需要确定产品的DNA，例如主色调、设计风格等。

（2）多个相关产品或大改版。同个公司有多个相似产品，需要根据已有的设计规范或者历史设计规范文档作为参考，确保品牌风格大体一致。若没有历史规范文档，应根据现有的设计或在大改版时，输出设计规范。

4）整理

明确规范的层级和类别，文档需要有对组件类型及使用场景的详细标注，便于团队内的每个人翻阅和使用。可以被列入规范和组件里的元素大致分为以下两类：

（1）基础类（高频反复使用）：包括页面布局、标签导航、主色和辅助色、文本相关规范等。

页面布局（包括间距大小、网格和适用范围）

标签导航

▲ 页面布局

▲ 标签导航1

▲ 标签导航2

主色和辅助色

▲ 主色和辅助色

字体规范

中文字体： PingFang SC	英文 / 数字字体： Helvetica
云之家	CLOUDHUB666

▲ 字体规范

字号大小（如果设计和研发的换算规则不一致，可以采用编号的方法对应设计和研发的单位）

示例	通用单位	编号
标准字	19	FS0
标准字	18	FS1
标准字	17	FS2
标准字	16	FS3

▲ 字号大小

文字颜色（不同等级）

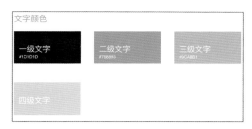

▲ 文字颜色

列表（组合型组件，包含列表里所有会出现的元素）

LS1	消息列表	LS5	小图标单行文字
LS2	双行文字带头像	LS6	左灰中黑单行列表
LS3	单行文字带头像	LS7	左黑右灰单行列表
LS4	双行文字	LS8	小标题

▲ 列表

按钮（包括不同状态，例如正常、按下、不可用）

▲ 按钮

图标（同个类别的图标统一一个尺寸，方便管理和替换）

▲ 图标1

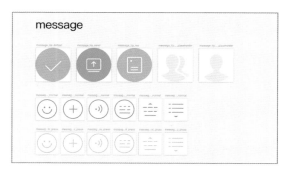

▲ 图标2

输入框（包括默认状态、正在输入、输入完成）

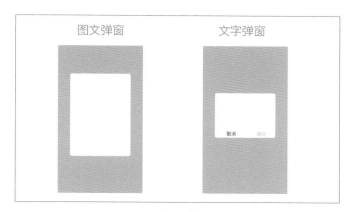

▲ 输入框

弹窗（根据业务需要整理不同弹窗样式）

▲ 弹窗

（2）特殊类：包括加载动画、页面切换、文本显示长度范围、占位图、提示等。

对用户来说，加载动画是对他们的操作行为进行反馈，不同反馈给用户带来的心理感知是不同的。以云之家移动端为例，加载动画一般分为以下几种：

（1）全屏加载，一般用于网页加载，常用进度条表示加载进度；

（2）手动加载，根据用户手动发起的刷新动作实时更新数据，例如"下拉释放刷新""刷新成功"的反馈；

（3）固定位置加载，整个页面需要锁定全屏加载数据，云之家常用方式是在锁定全屏的同时居中显示加载状态，这里可以根据业务特征进行文字辅助反馈；

（4）网络资源加载，页面部分资源存在本地，但还需要从网络拉取资源，页面部分内容和加载动画同时存在，同时也能进行下一步操作。

加载动画

▲ 加载动画1

▲ 加载动画2

页面切换交互方式

- 定义:
    A: 导航左侧为中断型操作(取消/返回)

    B: 导航右侧为进阶型操作(下一步/完成/确定/提交/设置)

- 交互转场方式:
    A: 从下往上弹起(临时调用工具对该页面内容进行添加、编辑等操作),导航栏左侧以"X"显示,进入二级或以上页面,导航栏左侧以"< X"组合显示(iOS)

    安卓由于其自身特性,自带虚拟键返回按钮,所有导航栏左侧以"X"显示(Android)

    B: 左右侧滑(页面之间存在父集子集的关系),导航栏左侧为"<"显示

- 适用范围:
    A: 本地应用   导航栏根据具体交互方式选择对应的导航栏样式

    B: 轻应用   统一采用左右侧滑的交互方式

    C: 会话组加号的快捷入口应用   统一从下往上弹起

▲ 页面切换

文本显示长度范围

▲ 文本显示长度范围

占位图

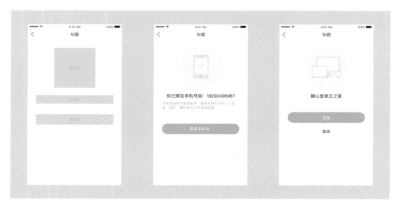

▲ 占位图

提示

▲ 提示

5）常用工具：Sketch+Craft

在Sketch里按分类整理组件，转成Symbol，添加到Craft的Library。

Sketch自带的Symbol已经很好地解决了设计稿复用组件的问题了，唯一不足的是需要独立的一个文档保存这套规范的Symbol。结合Craft，把所有组件放进Library，只需要拖出控件，就可以像拼图一样用组件拼出复用样式的设计稿。另外Library这个文件可以同时保存在本地和存储在云端，方便与团队成员共享。

▲ 工具界面

设计规范是服务于团队的参考标准文档，有别于设计标注，并非一成不变。设计规范的本质是为了让设计师有更多的时间专注在解决问题上，提升产品体验，而不是被规范约束，可以根据实际使用场景和产品需求进行相应的调整和优化。

经过一次较完整的设计规范整理，会自然形成一种思考模式，促进组件库优化得更智能，覆盖面更大。这需要长期去维护它，你也会在这个过程中发现其中的乐趣。

4.3 快速建立控件的方法

作者：曾慧桢

控件规范的整理，不仅方便设计师考虑页面的统一，也可以让工程师清楚页面的逻辑架构，建立对应的控件库。一旦更改了页面元素，工程师可快速调整并实施方案。我们容易陷入误区，以为设计一个App是先设计每个独立的页面再拼凑，实际上我们设计的是一系列控件，通过组合的方式实现不同的功能，形成一套生态系统。

下面将以网页界面为例，介绍在Sketch建立规范的实操指南，并从开发者的角度去思考设计。其中我将简单介绍一下原子设计模型，推荐实用小技巧，希望运用在设计工作中，能事半功倍。

1. 原子设计

网页原子设计模式（Atomic Design）是一位网页设计兼前端工程师Brad Frost在2013年提出的概念。而且Brad Frost在2016年推出的书籍*Atomic Design*中，定义原子设计是一套创建设计系统的方法模型，主要分为以下5个层面：

原子（Atoms）：就是一个标签例、输入框或一个按钮，包括其他抽象元素，可以是色板、一种字体，甚至是一个小动画。

分子（Molecules）：就能独立完整一个简单功能的组件。

组织（Organisms）：原子和分子组合而成的相对负责和独立的功能模块。

模板（Templates）：已经是一个有形的页面，将上述元素进行了排版。

页面（Pages）：是"模板"具体的事例，在这占位符都会被真实的内容替代。

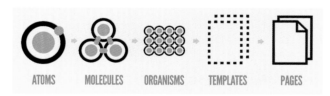

▲ 原子设计的5个层面（该图来自Brad Frost个人网站）

该设计模式介绍的是，层层递进的系统网页设计，不能只是单向线性地执行，反过来，需要我们重新审视之前所设计的基础元素如原子、分子。

2. Sketch

Sketch里的Symbol功能能帮助设计师模块化管理设计文件，这里要介绍的就是如何利用Symbol创建控件库，提高工作效率。

1）命名即分类

在新建Symbol或者Style的时候，Sketch会根据名称中的英文符号"／"，整理成有层级的文件夹。

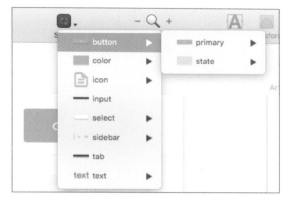

▲ Symbol命名分类

Symbol命名的方式也有很多种，这里推荐"控件的功能／控件的名称／状态"的方式。不建议使用控件的外观样式去命名，例如"按钮／蓝色"，因为有可能在后续优化中，会对颜色有更改。

这里推荐一个整理Symbol的插件Symbol Organizer。整理是按照Symbol名称中的"／"去排列。

同样，Text Style的命名也如此，不应过于依赖字体的外观、字号、色值。

图层命名时，虽然不会因为"／"符号而自动分组，但是也需要有规律地去命名。主要考虑到一是其他设计师协作时能快速找到目标；二是在Nested Symbol中，图层命名若有据可循，能快速替换对应的内容。

2）Nested Symbol（嵌套式符号）

Nested Symbol（嵌套式符号）是Sketch里特殊的Symbol，一个Symbol可以同时嵌入多个Symbol，变成一个更灵活的组件。上述介绍过原子设计模式，重要的是元素间层层嵌套的关系。利用Nested Symbol，先建立"原子"元素的关系，再将其组合成为"分子"或"组织"。那么如何创建Nested Symbol？

一个Nested Symbol就如同一个"分子"，里面会由两个或两个以上的"原子"即Symbol组成。接下来我将以一个常见的"图标按钮"创建步骤，来分析如何将原子设计思维运用在其中。

第一步：创建一个按钮Symbol。

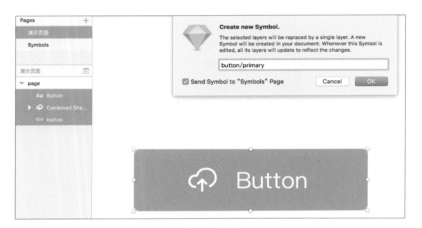

▲ 操作示意图1

第二步：把文字、图标、按钮背景三个图层理解为原子，单独建立Symbol。

▲ 操作示意图2

第三步：作为一个按钮控件，还需要添加"正常／悬停／点击"状态。从下图可以看出已经建立好的Nested Symbol的图层结构。

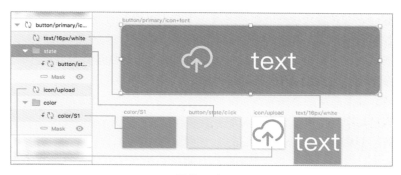

▲ 操作示意图3

第四步：回到页面，找到右侧面板的Overrides，按钮已经拆分成icon、文字、状态、背景颜色四个"原子"，并且在下拉菜单选择已经预设好的"原子"Symbol，可直接替换四个元素。

▲ 操作示意图4

这里只是以按钮为例，Nested Symbol也可以被用于设计列表、导航、开关等组件。

知道如何创建Nested Symbol之后，我们怎么去运用它比较合适呢？在这提出一些建议：

（1）把每个icon都创建为Symbol，把icon变成Symbol后，除了在修改后能一次性同步所有运用到的地方，还能再嵌入其他Symbol里，更换变得非常简单。

（2）为运用的颜色（尤其是主色）单独建立一个Symbol。颜色Symbol嵌套进其他Symbol里面，能用来区分选中和未选中状态。

（3）Symbol间能直接替换，如果变形可再次右键选择Set to Original Size调整大小。

（4）文字图层可选择Auto或Fixed，如果保持选择Fixed，在缩放Symbol的时候，能够保持之前设定的间距。

（5）Symbol的画板大小不能随意更改，更改后也不能同步到页面当中。

3）建立库

当规范形成一份文档，设计团队就可以遵循这套设计规范和公共控件来设计产品。这样除了提高效率，还能保证设计的统一性。

设计师之间共享库的方法有：

（1）利用共享文件夹或云盘等云服务共享设计文件。

（2）通过InVision的Craft或Brand.ai创建共享控件库。

产品在设计阶段的统一也只是暂行的，最终还需要由开发者统一开发，这时交付给开发的文档就变得非常重要，可利用的方法有：

（1）Sketch的插件：将文档导出到Zeplin或蓝湖，以项目形式管理。

（2）YunUI：云之家设计与开发团队已将产品的设计规范整理成一套标准的控件文档，可以直接利用。

在一开始介绍的"原子设计"并不是强调每个设计元素都是独立的原子，我们应该将其考虑为一个完整有机体的其中一部分。在设计的过程中，要考虑每个元素间的关系，它闪不是静态的、固定的，而是能根据不同场景不断变化的系统。

上述介绍的方法与提出的方案也不是唯一了解，我们探讨的是如何更高效地确保一个平台上多个项目的视觉统一。控件库就是一套视觉语言，如果不被理解和使用，误解就难免产生。

4.4 YunDesign产品设计原则

作者：陈东

YunDesign产品设计原则是移动办公产品云之家的产品设计指导，它基于体验的三个层次对产品的设计流程进行规范。

体验的三个层次指的是基础体验、舒适愉悦和超越期望。

1. 基础体验

基础体验指的是考虑功能完整性，形成闭环。包括3个要素：

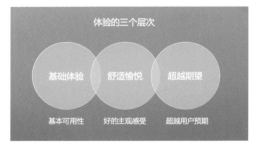

▲ 体验的三个层次

1）可用性

（1）确保功能可用，避免让用户感到疑惑、混淆，功能避免出现bug；

（2）功能完整，形成闭环，避免流程断节。

2）流畅性

操作要流畅，避免卡顿，同时保证安全。

3）一致性

（1）产品体验一致、功能一致、控件一致；

（2）与用户的基本使用习惯一致，不违背用户基本使用习惯，不违背平台（PC及移动端）使用习惯；

（3）文案书写风格一致。

如果以上的要点其中一点未能满足，那我们将认为该设计并不能满足基础体验。

2. 舒适愉悦

舒适愉悦指的是考虑用户在体验过程中的主观感受。包括3个要素：

1）简洁直观

避免展示复杂的界面给用户。主要注意的因素有：

（1）文案：简洁直白，避免冗长的表述和计算机语言；

（2）操作：避免复杂冗长的流程，操作层级需简单；

（3）功能：功能简单明了，避免累赘功能的堆积。

2）层次明确

在设计的过程中考虑内容呈现的优先级，遵循一个页面只做一件事原则。注意：

（1）明确用户主要操作，将次要功能进行收纳；

（2）强弱引导。

3）用户至上

考虑用户使用过程，不让他们丧失位置感。

3. 超越期望

超越期望指的是在适当的场景给予用户适当的体验以及使用产品的过程中体验到超出他们预料的好的感受。

下面我们着重介绍实现超越期望所要遵循的设计原则。

首先，要遵循情感化设计的原则来实现超越期望，那什么是情感化设计呢？

情感化设计是用户在看到某个事物或使用某个物品的时候，能让用户在所制定好的情感路线上进行体验，并能产生积极愉悦的情感波动。

如何在适当的场景给予用户适当的体验呢？以下是情感化设计的12种手法：

（1）美观愉悦：美观可以让用户对产品提升满意度和容忍度；

（2）文案到位：文案需要直白易懂，并且能够增加情感深度；

▲ 滴滴专车的文案

（3）社交互动：增强用户的群众归属，带来安慰、感动、惊喜；

▲ 云之家签到分享图

（4）精神满足：强调荣誉、成就、专属；

▲ 百度地图App截图

（5）个性化需求：强调独有、定制、炫耀；

▲ 定制的输入法界面

（6）借势：网络热点、社会现象；

（7）移情：视觉模拟、角色模拟；

（8）讲故事：代入感、回忆；

（9）冲突：夸张、对比、打破固有的认知；

（10）利用恐惧：警示、安全需要、吓唬；

（11）利用好奇心：制造悬念、埋伏笔、做铺垫；

（12）营造氛围：视觉、听觉、触觉全方位打造。

想要让用户在使用产品的过程中体验到超出他们预料的好的感受，还要遵循以下3个原则：

（1）超越用户认知：如将一匹更快的马换成汽车；

（2）额外的附加值：如海底捞火锅提供的除火锅以外的服务；

（3）额外的情感共鸣：如单身餐厅里的陪伴熊。

介绍完YunDesign的产品设计原则之后，现在来总结一下我们的产品设计思路，下面这幅图是产品设计思路的概览图。

▲ 产品设计思路图

首先从3个最根本的出发点出发：WHO、WHAT、HOW。

WHO指的是什么样的用户。

对目标用户的精准定位与分析是发现问题、痛点从而找到解决方法的必要途径。确定用户角色，发现不同用户角色的诉求，并且进行关键角色的主要诉求分析。（注：具体根据实际业务中涉及的角色去分析。如工作汇报考虑管理者及员工，签到考虑HR、管理者、员工等角色。）

WHAT指的是什么问题？

在确认用户角色之后，针对各角色及角色之间的联系（互动）分别进行使用场景的分析，确认用户痛点。

HOW指的是如何解决。

根据分析后的使用的场景，依托产品设计原则如平等尊重（信息透明）、及时反馈（激励）、智能分析等，提炼出用户潜在需求（痛点）然后输出解决方案。

完成了3个根本问题的思考后，我们按角色分类对产品进行区别分析。

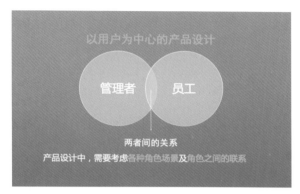

▲ 以用户为中心的产品设计

以不同的角色为基础设置不同的场景，从中提取每一类角色的痛点，再对这些角色之间的联系进行融合分析，提取不同角色之间的痛点并进行关联，最终得出产品所需满足的功能点。

完成了按角色分析及提取功能点后，我们会进一步细化及加入情感化设计要素。完成了情感化要素的添加后，产品设计的流程才算完整。

YunDesign对云之家自身有着由点到面的意义：

在"点"上解决现存的问题：云之家目前的功能全是点，特色功能分散，无法让用户直观发现云之家最大的价值。

在"面"上实现统一的目标：功能点形成面，能让用户快速感知云之家带来的价值，减少用户认知成本，形成竞品差异化。

那么这里以云之家首页为例，介绍一下是如何使用YunDesign进行产品设计的。

将使用云之家的用户大体分为3类角色：老板、经理及员工。针对不同的角色先进行自身需求的一个脑暴分析，尽可能提出更多的需求点。然后再将3个不同角色之间的联系进行分析及功能点提取。

▲ 不同角色进行区别分析

针对老板角色我们得出的需求点主要有：

（1）员工的考勤状况——签到统计；

（2）项目盈利——报表秀秀；

（3）精英人才的培养——最宝贵的财富。

▲ 老板角色需求

针对经理角色我们得出的需求点主要有：

（1）部门人员的工作进度——工作汇报；

（2）考勤状况——签到统计；

（3）工作分配及安排——快捷审批。

▲ 经理角色需求

针对员工角色我们得出的需求点主要有：

（1）工作安排及自我跟进——我的工作；

（2）个人价值沉淀——努力成果；

（3）自我提升——我的收藏。

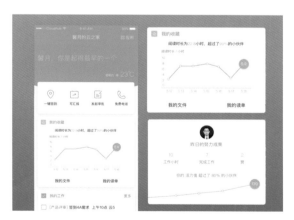

▲ 员工角色需求

在实现了产品的功能点之后再加入情感化的设计，从而超越用户期望。

具体操作为围绕专属感的情感价值点打造为用户专属定制的云之家首页。

▲ 根据角色定制化的首页

并按时间及场景推送云之家首页，围绕温馨、鼓励、安慰的情感要点进行文案及动画的推送，致力打造具有生命力、亲和感及能够给予用户帮助与关心的云之家。

▲ 根据角色和场景设计的推送页面

4.5 职场社交在移动办公产品中的探索

作者：柯昌鹏

1. 什么是职场社交？

一提到职场社交，我们不免会联想到一些概念如职场、社交、人脉等，一般人对于职场社交的终极目的，就是获得更好的职业发展（求职），说直接一些就是"走向事业巅峰"。下面我们就稍深入地分析和理解下这几个概念。

职场的解释包含"个人能力"和"职场政治"，其中"个人能力"不难理解，即指人的工作能力和专业能力等，而"职场政治"则是一个比较通用的概念，即做人做事，总的来说就是获得更多人的认可与支持。

社交的本质即是连接，连接形成一定的社会关系，而要促使某种社会关系的形成，则需要一个最重要的因素——某种共性。这个共性可以是一个共同组织或标签，如同名族（无形组织）、同事（有形组织）、同乡、校友等，也可以是共同的兴趣爱好，如摄影爱好者、音乐发烧友、篮球俱乐部等，并且社会关系又有强弱之分，例如亲朋好友跟我们就属于强关系，而在微博、知乎关注的那些"不熟"的人和我们便属于弱关系。从产品角度来举例的话，微信便属于偏向强关系的连接产品，新浪微博则属于偏向弱关系的连接产品。

关于人脉的定义有不少，不过个人更倾向于《强势人脉》所指出的——人脉是一种互相提拔，它让彼此形成合则两利的共荣圈，强调彼此双方之间要有利用价值。简言之，人脉就是"施"与"受"的过程，也就是必须展示自己的实力，让自己有能力"布施"来帮助他人，未来才有机会"接受"回报。

结合以上三点，我们不难得出，职场社交不同于普通意义上的社交，它是一种目的性很强的行为社交，即为获得更好的职业发展而具有被动意义的行为社交。

2. 为什么要在企业办公应用中考虑社交属性？

首先，产品是为用户服务，当然第一考虑的也必然是用户方面，而若从用户来看，直截了当的原因就是用户有对职场社交的真实需求。让我们来细探一下职场人的需求，或者说一种服务提供什么样的价值，才能吸引用户去体验并获得该价值。

对于职场人来说，到底有没有职场社交的需求呢？假设有，那这种需求又是什么样的呢？假设A是一名工作3年的设计师白领，有不多不少的工作经验，他一定时期的职业目标就是要成为一家公司的首席设计师，这家公司可以是当前这家，也可以是其他公司。那么想达到这个目的，他需要有较强的工作能力和该公司高层的认可与支持（即职场社交需求）。自然，这些都是需要A自己去努力争取的，但是否可以有一种工具或者服务能够帮助A更方便有效地完成这些呢？这便是产品提供服务价值的设计切入点：（1）帮助用户学习成长——个人能力提升；（2）帮助用户扩大影响力（包括司内司外、线上线下）——获得更多人的认可与支持；（3）提供招聘信息——再牛的人也需要一个空间和平台来施展才能。

一般人们获取知识或技能的途径主要有阅读、培训、交流以及写作等，而对于扩大影响力，则需要不断地表现才能达到此目的。回到产品设计，一个产品需要拥有哪些功能，才能给用户带来以上相应的服务价值呢？

学习成长：

（1）要有质量高、专业性强的内容供用户阅读学习；

（2）有公司或行业内培训、交流的信息报道，如提供在线直播服务更好；

（3）可自己发布内容，与公司内外专业人士进行交流学习；

（4）可提问解惑，获取公司内外相关专业人士的指点与帮助。

扩大影响：

信息网络时代，每个人都是一个媒体源，制造信息并在网络上互动交流，这是每个人都躲不开的，特别对于职场人来说更应该好好利用这一点。虽然不是每个人都可以著书立说，但产生高质量内容供更多人学习交流，确实有助于扩大其行业影响力，所以产品简单来说应该：

（1）可以发布文章、课程等内容；

（2）可以让公司内外人士参与讨论交流（社交范围广）。

求职招聘：

求职与招聘本身就是双方选择的事情，对于企业与求职者来说，找到理想的人才或岗位都不是件容易的事情，这是由于特定的岗位与求职者之间的信息匹配度低以及二者之间的信息不对称所造成的，所以产品应该具有：

（1）岗位推荐，需要较高的匹配度；

（2）求职者信息，需要真实但不过度包装。

此外，从市场来看，也正好印证了上一点"用户有对职场社交的真实需求"。

下图是2017年5月商务类应用在"移动应用排行榜 Top 500（iOS）"中的排名情况，可以看出，受职场人士欢迎的产品，不仅仅只是企业办公产品，招聘、社交类产品同样得到职场人士的青睐。

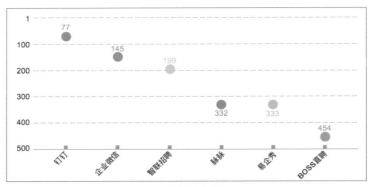

▲ 应用排行榜

最后，从产品来考察社交属性。产品之外，不管是为满足用户的需求，还是为在市场中占有一席之地，考虑为产品加入职场社交属性，都是必要的；而在产品本身加入职场社交属性，更是有利于将其打造成一个完整的职场生态和平台。

综上，若以用户（非企业）为主体，产品为对象，目前用户使用企业办公产品和职场社交产品的行为是有大不同的：对于企业移动办公产品如云之家、钉钉等，用户一般是因工作需要而被动使用，而对于职场社交产品如脉脉、领英等，用户一般是出于某种目的如结识人脉或者了解行业资讯而主动使用。不夸张地说，行为产生的根本内因是否主动，对产品能否走得远、走多远，有着极其重要的影响。

从一个人踏入工作的第一步开始，便进入了职场，职场包含的内容有很多，如求职、工作、学习、晋升等，这些都是与个体用户紧密相关的部分，而现在我们的产品（云之家）只提供企业办公的功能，它更多是作为一个办公工具在被企业中的员工所使用，而它的这种工具属性，无形中决定了它在用户手机中的留存具有暂时性，用户换家公司，说不定就换了其他同类产品。所以To B产品想要获得用户黏性，就必须得带有To C的属性，并能带给用户价值，这样用户才会更加主动、乐意地去使用产品。

所以，我们需要思考如何在企业办公应用的基础之上，从用户使用产品的主动性出发，结合职场社交元素，最终打造一个完整的职场生态和平台。

3. 职场社交在企业办公应用中的价值何在？

假设企业办公应用如云之家能提供一个跨公司的职场社交空间，这个空间提供通常的行业资讯、知识学习、职场分享、人脉拓展以及求职招聘等功能服务，那它能带给公司、个人以及产品本身哪些价值呢？

首先拿公司来讲，使用办公协作功能，能提高工作效率；及时获取行业前沿动态信息，有助于公司发展；了解同平台人才真实信息，能高效招纳人才等等。

对于个体用户来说，了解行业资讯，可共享多方观点见解；学习行业知识，能提升自身职场竞争力；结识更多同行人脉，有助于扩大职场社交圈；展示真实职业背景与能力，还能获得更多、更优的职场机会等等。

最后，对于产品本身，有助于增强用户黏性，获得更多的变现机会以及更强的变现能力。

当然，这些都是我们能看出的有益的方面，而如何将其发挥在企业办公产品之上，就需要平衡各个因素去综合考虑了。

4. 我们的产品如何设计？

其实，云之家的前身是金蝶的企业微博产品"部落"，所以它本身就具备很强的社交基础，而后来"部落"的功能模块又以"同事圈"轻应用的产品形态，嵌套在云之家内。顾名思义，"同事圈"即是云之家针对同事之间社交的服务应用，适用范围也仅限于公司内部。经过小伙伴们多年以来不断创新与优化，目前同事圈主要有以下几点功能与模块：

首页智能推荐、生日祝福、为Ta点赞、心声社区、话题、文章分享等。

首页智能推荐：自云之家V9版本上线之后，同事圈首页的动态展示方式及范围，一改以往默认展示公司全部人员动态的方式，采用新的方案，即首先判断该企业总人数是否超过200人，如果未超过，则继续使用先前方案，默认展示公司全部人员动态；如果超过200人，则使用关注模型，即公司用户人员需要关注对方，才可以在首页查看到对方的动态。当然，云之家也会针对具体人员推荐他"身边同事"的动态（"身边同事"包括同部门成员、直线上级以及跟他发生工作协作的同事），以及公司的热门动态。这样处理的好处就是增强同事圈动态与具体用户的相关性，避免过多与用户无关的动态对其造成干扰。此外，也设有查看公司全部动态的入口。

生日祝福：作为一款有温度的移动办公产品，提供人与人之间传递温度的功能就显得必不可少，而"生日祝福"便成了这样一个载体：当用户身边的同事生日快到的时候，首页"生日"的入口便会变成同事的头像以及姓名，用户可以点击进入为即将过生日的同事送上自己的祝福贺卡，贺卡虽轻，情谊深重。

▲ 云之家同事圈1

为Ta点赞：不可否认，绝大多数人都喜欢被夸、被表扬的感觉，学生时代如此，职场生涯更是如此，并且认可与被认可，本身就是人与人之间建立健康良好关系的重要社交手段，尤其在企业内，上级公开为员工点赞，使受到表扬的同事能够获得一定程度的荣耀感，也更能有效地对员工产生激励作用，激活个人创造力与战斗力，进而使得企业与员工个人达到共赢的状态。

心声社区：这是开放于企业内部的匿名社区，首先，为什么叫"心声社区"而不是"匿名社区"呢？因为"匿名"是一个中性的词，暗指用户可以匿名发布一切自己想发布的，包括好的和坏的言论，但作为一个企业办公管理应用，我们还是偏向于让用户能够发布一些较为"认真"的，对企业的改善有一定正向作用的内容，所以综合考虑取名为"心声社区"，将该社区内容向稍积极方向引导，而不是暗指用户可以随意发布任何内容，毕竟如果出现太多的消极内容的话，对企业的管理与发展势必会带来不利影响。再者，不可否认的是，可匿名发布内容是一个好玩的功能，用户可在匿名社区"隐身"倾吐一些自己真实的心声，或好玩有趣，或良言谏语，或牢骚不满，但不管是什么，对企业员工来说，都能起到一定程度的宣泄与释放的作用。而对于企业来说，有这样一个能够第一时间获得员工心声与建议的平台，无疑对企业的管理优化具有一定的积极作用。此外，匿名内容的卡片也可通过设置显示在同事圈首页，提高其曝光度，使更多员工同事参与其中。

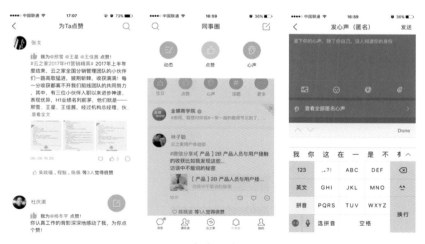

▲ 云之家同事圈2

话题：人与人的沟通交流，往往就需要"话题"这个东西，所谓"话不投机半句多"说的也正是人们因为无共同话题才造成无话可说的局面。显然，对于网络社交来讲，就更需要"话题"来连接人们之间的社交行为。对于企业来说，可以发起某些积极有意义的活动话题，通过在同事圈展示及推广相关内容，从而达到相应的效果和目的。

文章分享：作为职场人，绝大多数都是好学上进的，同事圈也相应地能够提供知识干货的分享社交服务。如今微信作为最主流的内容传播平台之一，内容丰富，数量庞大，但内容良莠不齐，且具体针对某一行业或企业有价值的内容更是难以筛选，于是，云之家提供"读单"的服务，让公司全部人员可以将微信等平台的优质内容分享到同事圈内，并且可以收藏到自己所创建的读单。这些读单以及里面的内容都是通过用户自己整理的，对职业、行业以及企业的针对性相对较强，而用户也可以将这些读单分享给具体某个或某些同事，也可以公开分享到同事圈，于是"读单"便成了企业内部分享和交流知识干货的社交载体。

▲ 云之家同事圈3

上述便是云之家基于同事圈所提供的一些服务于企业内部社交的功能服务。此外，当前的云之家正在努力尝试打造更多支持跨公司、全平台社交场景的功能服务如招聘服务等，相信在小伙伴们努力、认真、坚持不懈的创新中，一个完整的、真正意义上的职场生态与平台将于不久后出现在人们的面前，帮助每一个职场人士创造出属于自己的辉煌。而这也是一款真正有价值、有意义的产品应该和必须做的。

第 5 章
设计案例精选

5.1　如何利用签到提高二次传播

作者：丁珍

长久以来，To B产品一直被标签化地认为只注重商业利益和企业流程，缺乏人文和情感关怀。然而不论是B端产品还是C端产品，其核心都在于人。只要有人，就会有情感，纵使是在体制和规则之下也会有自己想要表达的情感。

云之家早前便已经有了加班签到分享的功能。与用户的日常打卡不同，当用户加班签到时会有弹窗弹出，并配以励志的文案，还可以分享到朋友圈和会话组。整个流程很短，操作也非常简单。但是仔细分析这个流程便会发现其中并不完美。

加班弹窗

分享页

▲ 云之家签到界面

旧的签到分享大致存在以下几个问题：

（1）加班弹窗样式和云之家通用的功能弹窗相同，与加班的场景不符，缺乏情感化的视觉设计；

（2）在文案选取上稍显随意和功利，不仅缺乏诗意，而且比较单一，难以引起大范围用户共鸣；

（3）用户通过弹窗分享的内容与其在弹窗上看到的内容不符，脱离用户预期，违反了所见即所得的原则；

（4）分享的内容是用户的签到时间和地点，较难引起其社交圈的共鸣以达成正向反馈和品牌传播；

（5）弹窗文案没有定期更新，导致用户出现疲乏感，缺乏惊喜。

虽然加班弹窗在设计上存在很多问题，但是不得不说这个功能1.0版本的设计者在企业办公软件还在茹毛饮血一般的年代时，能有这种想法是有一定前瞻性的。

如今，在互联网信息大潮的冲击下，每个人都被淹没在信息的汪洋之中，接收到的信息纷杂繁多，但同时人们也变得越来越不会表达。加班弹窗便在数年如一日的按部就班的工作中开了一个切口，让一天工作的情感顺着这个切口流出，帮助用户去抒发和表达，让一天的工作有个落幕和积淀。

所以，加班弹窗是一块"璧"，然而我们却怀璧无为，实为浪费。于是我们决定从零开始重新设计这个加班分享。

首先要明确一点，我们的用户是谁？他们的心理诉求是什么？

对于云之家来说，由于产品自身的复杂性决定产品面对的用户群体是很复杂的，从行业、职位还是角色的维度上都难以做一个清晰的定位和划分。但如果从场景出发，可将复杂的用户群体并作一类人，现在将这类人简单贴标签为"加班者"。

加班者可以大致分为两大类：主动加班者和被迫加班者。

上班考勤是企业体制决定的，老板是创造这种体制的人，主动加班者能够自在游走于体制中，甚至能通过体制来达成某些目的，因此他们分享自己的打卡记录主要是为了作为一种工作记录，或告诉老板自己有多努力，这一类人倾向于表现。被迫加班者则是为体制所压制，想要反抗体制、改变体制，却有壮志不酬之感，因此他们分享打卡记录主要是由感性所驱使，这一类人倾向于抒发。

不论是表现还是抒发，加班者在线分享的根源都在于人作为一种社会性动物有被认可的需求。马斯洛需求层级理论中对人的五个层次的需求早有阐述，在此不表。简单来说就是，用户在其社交圈分享内容（社交需求），希望自己被关注（尊重需求），并获得认可（自我实现需求）。

▲ 马斯洛需求层级理论

如何去设计？

加班签到的核心在于情感的共鸣和表达。整个设计也体现了诺曼博士情感化设计的三个层次。

本能层：注重视觉感受和第一印象，体现在产品上便是以简约的插画给用户视觉上赏心悦目的第一体验；通过对话的方式拉近和用户之间的距离。

行为层：注重效用，体现在产品上便是操作后所见即所得的分享。

反思层：注重情感反思与共鸣，体现在产品上便是根据用户心理选取不同类型的文案引起用户的共鸣或反思，勾起用户分享的欲望。

最后，在社交圈引起二次共鸣，达到正向反馈以及品牌传播。

▲ 情感化设计的三个层次

落地时整个设计的要点便在于两处：插画的绘制和文案的选取。

（1）插画的绘制：根据加班这个场景，抽取关键词，查找对应感觉的图片建立意向图板，并绘制插画。

（2）文案的选取：根据不同用户的心理诉求选取不同方向的文案来引起用户的情感

▲ 插画Moodboard

共鸣或反思。以主动／被动加班以及情感上的理性／感性来建立坐标轴去划分加班者的心理，大致可以划分为以下几种方向的文案：

主动理性者：加班具有强烈的目的性，这种人通常表现为敬业、有责任心、注重自身成长和自我实现、有目标规划，并且包含少数喜欢秀加班的人群。匹配文案如"人生太短，要干的事太多，我要争分夺秒。"

主动感性者：加班就是为了自己，这类人和理性者的区别在于做事不具有强烈的目的性。匹配文案如："你在世人当中将永远是个野性难驯的外人。"

被动理性者：加班是因为工作量过多，也不排除少数跟风加班者。对这类群体给予更多的是激励，如"即使走得慢，也绝不后退。"

被动感性者：加班是被迫的，但却无力对抗制度，常常发出像古代怀才不遇诗人一般的感慨，对这类群体，匹配的文案可以帮助他们纾解愤懑，如"我萧峰要走，谁能拦我！"

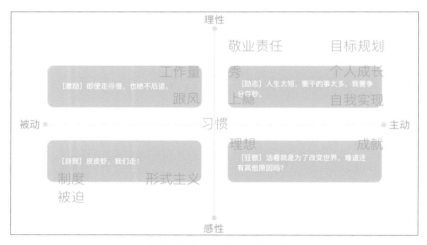

▲ 加班者心理分析象限图

最终效果如下图所示。

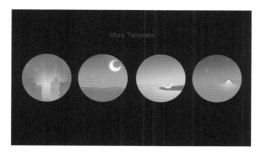

▲ 最终效果1　　　　　　　　　　　　　　▲ 最终效果2

加班签到弹窗上线后，签到的月分享总量提升至旧版的**20倍**。其实第一步我们走得还是比较粗糙的，想要通过加班签到分享的设计来增强用户黏性，提升品牌传播，就必须要足够前卫，足够动心。后续也会不断根据用户的属性（行业、职业、角色等）来进行更精准的个性化推荐，云之家也会在情感化设计上进行更多的尝试。

加班签到分享看似简单，也有许多曲折在其中。伐国之道，攻城为下，攻心为上。要领就在于这个"心"字，在于共鸣。而在这一点上，我们还有很长的路要走。

5.2　智能审批设计探索

作者：万春红

审批是企业移动办公的核心功能之一，也是一个高频刚需应用。就企业的流程审批而言，没有使用移动办公之前审批过程复杂、周期长、效率低，使用移动办公后，企业的流程审批工作可以实现任何时间、任何地点处理任何工作。相比传统纸质审批，移动审批可以利用碎片化时间随时随地处理待审单据，减少员工等待时间，提高工作效率。

审批往往具有一定的时间间隔，容易让用户在等待中产生焦虑感，从而造成不良的用户体验，特别是在创新速度日益加快的今天，企业日常办公中对降低管理运营成本、提高工作效率、实现远程办公等方面提出了更高的需求。

审批的功能特性：

表单设计器、流程引擎、流程梳理、智能审批、简单高效。

用户痛点：

1）漫长的等待、效率低下（浪费在无谓的等待中）

审批发起人：无法预知审批时长，无法判断还要等待多长时间，不清楚审批共有几个节点、现在在哪个节点、还需要几个节点能审批完（固定流审批）；填写完单据后不知道具体的审批流程，不知道需要选择哪些审批人（自由流审批）。

审批应用管理者：审批应用专业性强，流程配置较为复杂，学习成本高。

2）缺乏科学的、正确的审批依据

在过去，直觉和经验主导着我们的生活。审批决策者仅仅停留在业务处理层面，没有对数据进行深入挖掘、分析，导致审批人在审批时缺乏有效的关键信息，从而使审批过程流于形式。

总之，用户等待容易造成焦虑，用户迷茫容易造成恐慌，缺乏科学的审批依据会极大影响移动审批体验。因此，为了提升审批效率、优化审批流程，提高审批体验就显得尤为重要。

设计创新目标：

解决企业审批中的问题，让审批更简单、更高效、更清晰（透明），打造"以用户为中心"的最佳产品体验。

在参与到云之家审批产品的设计后，我对产品有了更深入的了解，重新梳理了思路，结合自己对审批的理解提出一些交互和体验方面的设计探索，具体如下：

（1）基于大数据辅助决策的智能审批设计创新；

（2）基于工作流程的智能审批设计探索；

（3）基于组件化、模板化的智能审批设计探索；

（4）基于模拟仿真的智能审批设计探索。

1. 基于大数据辅助决策的智能审批设计创新

辅助决策是以互联网搜索技术、信息智能处理技术为基础，构建决策主题研究知识库、分析模型库，建设辅助决策系统，为决策主题提供全方位、多层次的决策支持和知识服务。

在过去，直觉和经验主导着我们的生活。如今，时代变迁，大数据时代的到来，对人类社会的各个层面，尤其是决策造成巨大的影响。以数据驱动的决策，可以为企业的各级决策者提供及时准确的信息，帮助他们做出对企业有利的决策。决策分析最有价值的部分就是数据属性的关联，数据属性关联起来之后能进行更加全面、深入的分析，给决策者提供以数据为依据的科学决策方式。

以数据驱动的决策审批，实际上就是对过往数据收集、分析、结论得出、预警提示等一系列信息的集成，应用大数据算法能为审批决策者提供分析问题、建立模型、模拟决策过程的依据，调用各种信息资源和分析工具，实现数字化、智能化的审批，帮助决策者提高决策水平和整体质量，做出更科学、更客观的判断。

以大数据驱动辅助决策的智能审批不仅可以免去审批者的工作负担，还能让决策过程变得轻松自如，保持审批的流程化、规范化，提高审批效率，降低管理成本。在审批过程中，对实际情况了解得越多、越准确、越及时，那么越有条件在第一时间做出正确的判断和决策。

在审批过程中，自动关联相关的信息，例如曾经请假天数、过往采购市价、当前剩余预算等数据，能够帮助审批人智能决策，减少上下信息不对称带来的沟通成本。在企业中，以大数据驱动辅助决策的智能审批还有过往报销金额、过往故障保修、当前欠款报销、当前借款申请、相同报销对比等。

以企业员工报销为例：财务部李经理收到了一份技术部小张出差的报销单，报销费用是3970元。由于公司出差人员频繁，报销审批单据又非常多，李经理该如何审批呢？

流程：小张发起申请-部门主管A审批-部门总监B审批-财务部李经理审批-审批结束。

▲ 出差报销审批流程

在通常情况下，张经理在对出差报销单据上的报销时间、地点及报销事项核查无误后直接审批，但类似的报销审批仅仅停留在报销数据层面，没有对数据进行深入分析，导致审批人在审批报销单时缺乏相应的关键信息支持，使审批过程流于形式，无法对报销支出进行有效的管理。此外，因为不同时间、不同地区、不同项目的差异很大，仅凭报销单据本身的信息做出判断也是不准确的。

从下图可见，报销审批可自动关联出差报销标准、近一段时间其他同事在同一个地点的出差报销单，这样张经理就能够快速对小张出差报销单据的真实性、合理性、经济性分别进行审批。

▲ 出差报销审批单据自动关联

再举一个例子，当公司采购人对采购单（同一件物品选了A、B、C三家供应商）申请审批时，十万火急地表示这个采购单比较急，或者比较特殊，必须在特定时间之前完成，不然会影响项目实施的正常进展。一时间，审批人（财务人员或领导）似乎很难仅凭采购单据本身的信息做出准确判断。在审批过程中，审批单自动关联到了A、

B、C三家供应商以前的采购价格、质量安全资质、售后条款、服务评价等信息，审批决策人就能通过不同维度（价格是否优惠、质量是否有安全认证、售后条款是否有优势、服务响应是否及时等）对比三家供应商的信息，根据综合条件在第一时间快速做出正确的判断和决策。

由此可见，以大数据驱动辅助决策正在审批中发挥着越来越重要的作用，它帮助决策者从各个维度快速获取审批所需要的信息，让决策者有据可依地做出科学决策，从而提高了审核准确性和工作效率，降低企业成本，提升企业竞争力。

2. 基于工作流程的智能审批设计探索

工作流程是指企业内部发生某项业务审批时，从审批发起到审批结束，经由多个部门、多个岗位、多个角色、多个环节协调工作共同完成的审批过程。

审批流程通过定义节点来为某个具体的业务单据或某个具体单据的一个业务类型进行定义。审批流程因为从企业的业务需求、审批的人员角色、流程逻辑关系出发，故企业的业务、管理流程不同，审批流程也不同。有的太过于简单化，有的太过于复杂化；有的企业审批使用传统的纸质申请，必须要当面送达；有的企业审批流程、周期过长，导致审批效率低，影响到审批进度。

为了提高审批效率、减少协作成本，可以从业务流程角度出发，把从审批创建到各个阶段的审批，再到审批结束当成审批流程中的一个个节点，用工作流程图的形式将审批节点串联或并联起来。

以申请购买机票为例：某同事接到项目组紧急出差通知，出差前向公司申请购买机票，机票申请必须先征得部门主管A、部门总监B的同意，后经总经理D审核后行政部同事E才能执行购买机票任务，直到机票购买成功后审批才结束。

流程：同事发起申请–部门主管A审批–部门总监B审批–总经理D审批–行政部E购买–审批结束。

▲ 申请购买机票流程图

从流程图可以看到整个审批有哪几个节点，分别由哪些人员进行审批，审批的流转过程是怎样的，非常清楚地把我们现实中的工作场景通过流程展示出来。正如我们在网上购买一件物品，购买之后系统会为商品生成一份产品订单，我们可以直接在订单中查看商品的物流情况，及时掌握商品的流通动向。

现实中工作流程的具体应用实例：

（1）行政管理类：加班申请、用印申请、办公用品领用申请、物品采购申请、用车申请、会议室申请等。

（2）人事管理类：招聘申请、出差申请、离职申请、请假申请、员工培训、绩效考评等。

（3）财务相关类：出差申请、付款请求、出差报销、出差借款、团建费申请等。

（4）项目管理类：项目申请、项目投标、项目报价、合同审核、项目验收等。

为了简化审批工作流程，提高审批流程的灵活性，以流程中的审批对象与审批角色为中心，重新定义审批角色，基于不同角色进行审批设计。以角色为中心的过程符合人性的管理要求，现代企业强调以人为本的管理理念，工作流程的管理和实施中，也应强调以角色及其交互为中心。

审批发起人可以通过流程图，查看每一个节点，直观地看到审批目前在哪一个节点，审批的意见是什么，从而更有效地了解流程进度。

▲ 审批发起人界面

审批人可随时查询审批状态和其他审批人的结果，对于有疑问的地方可随时反馈或发起讨论组进行讨论、沟通，降低审批成本，提高审批效率。

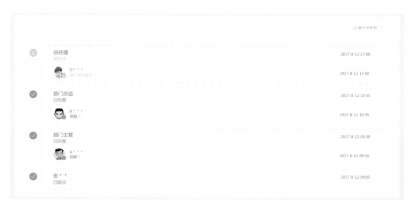

▲ 审批人界面

3. 基于组件化、模板化的智能审批设计探索

一些符合某种规范的类型组合在一起，就构成了组件。可以通过组合得到丰富的组件库，提供便捷的审批表单创建体验。

可分职能、类型创建不同的组件库，根据条件判断创建的职能类型自动推送相关组件。根据不同行业、不同角色、不同场景设计一些特有的控件、流程，形成标准化的控件模板库、流程模板库。

▲ 控件模板库

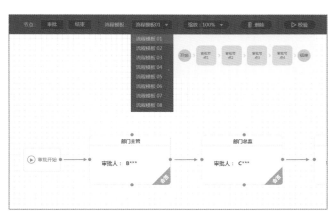

▲ 流程模板库

在创建表单设计时，系统将根据填写的审批类型自动推送符合要求的表单控件模板，例如填写的是"请假"申请，推送的控件都是请假控件，控件模板库里面都是来自不同著名企业的请假模板，根据企业情况找到符合自己企业的审批表单。只需单击一下鼠标即可快速、轻松、有效地完成表单创建。以前，表单创建是专业人士才能完成的，如果申请人是非专业人员，要花费大量时间思考表单怎样设计。现在，能对表单进行快速创建，只需单击一下鼠标就能设计出人家几分钟甚至几十分钟的设计。

▲ 表单设计界面

为了提高表单设计者对表单的创建效率，提出模板化的概念。模板是将一个事物的结构规律予以固定化、标准化，可以分不同的行业、职能相对应地设计一些固定的模板供设计者选用。

模板是可以即看即用的，节省了创建的时间。模板有一部分已经完成，我们只需要补充更改部分就行了，这也在很大程度上减少了人为操作的错误，规范了审批工作流程，大大提高了工作效率，降低了协作成本（特别是对产品运营团队）。

模板可以降低使用门槛，工作中模板应用的实例很多，往往都有现成的模板库，包括各种信函、常用文档等，直接套用即可。不论是刚入门的实习生，还是经验丰富的老员工，都可以直接完成表单的创建。所以使用模板对于完成工作的质量有一定的保障，模板的质量决定了做事的质量。

▲ 流程设计界面

在创建完表单后，进入审批流程设计。系统根据填写的审批类型自动匹配对应的流程，例如"请假"申请，匹配的流程都是跟请假相关的，有2个审批节点、3个审批节点等，还有会签、或签、依次签类型。根据企业情况找到符合自己企业管理流程的模板，只需单击一下鼠标即可完成流程创建。

4. 基于虚拟仿真的智能审批设计探索

虚拟仿真又称虚拟现实技术或模拟技术，是用一个虚拟的系统模仿另一个真实系统的技术。应用仿真平台强大的物理建模计算功能，通过抽象，简化模拟在不同的环境下的审批场景。

依托企业现有的审批数据和外部企业导入数据，基于大数据分析、机器学习手段和移动审批业务经验，分行业建立表单创建模型库、审批流程模型库、节点设置模型库。同时结合行业特性和用户画像，如通过用户反馈、审批场景等，发掘用户潜在需求。把表单创建模型、审批流程模型、节点设置模型等全部集成，当用户创建申请审批时，快速得到对应的模拟审批流程，根据不同的角色推送不同审批控件模板库、流程模板库。

在创建完表单后，系统根据填写的审批类型自动匹配最佳的审批流程。还是以上文申请购买机票为例。

流程：同事发起申请-部门主管A审批-部门总监B审批-总经理D审批-行政部E购买-审批结束。利用系统自动推荐的最佳审批流程后，首先看流程是否能满足当前审批需求，如果不满足可以在模板上进行简单的删除、添加节点操作，或从流程模板库中重新选择；其次在模板上进行简单配置，选择对应的审批人或选择好审批角色自动匹配审批人。简单几步就能快速、轻松、有效地完成流程创建。

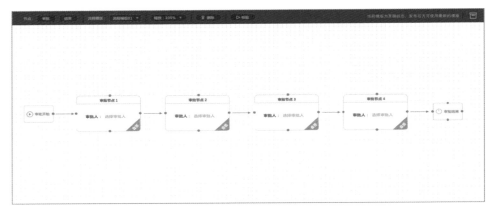

▲ 模拟审批流程图

在过去，企业进行采购类、财务类、人力资源类、行政类等业务流程的审批时，审批管理员需要就各个职能类别的业务流程审批进行表单创建、流程审批、节点设置。但现在，应用大数据、人工智能等先进技术，审批应用管理者可以从多维度进行表单创建、流程审批、节点设置，最终应用管理者只需要根据企业现状进行简单的调整即可。审批通过模拟仿真，对信息进行更深入的发掘，同时，审批流程更标准、更统一，帮助企业大大提高了审批效率，提升了审批体验。

随着时代的发展，科技的进步，人们的工作方式发生了一系列的转变，先是从早期纸质化办公转化为电脑无纸化办公，再到互联网移动办公，审批也是如此。审批首先将公司日常管理、业务审批全部电子化、无纸化，为企业信息化建设提供基础，其次要通过移动审批加快办公速度，进一步提高审批效率。除了提高协作审核的效率外，针对大中型企业中一些专业的财务、人力资源、供应链等复杂审批场景，采用可预测模型，即通过人工智能、大数据来辅助审批，可以让决策变得更高效、更智能。同时，注重以人为本，不断提高员工积极性，发挥其能动作用，更利于打造"以用户为中心"的最佳产品体验。

5.3 审批表单设计实践

作者：莫柳毅

在工作与生活中，我们每天都会接触到表单，请假要填单，费用报销要填单，网上购物要填单，申请贷款也要填单。在互联网迅速发展的今天，我们已经从线下手写填单转变到了网上填单或者手机上填单。表单主要负责数据采集功能，常常是很多应用赖以生存的关键。优秀的表单设计，能够让用户感觉心情舒畅，迅速而轻松地完成填写；而糟糕的表单设计，会让用户产生挫败感。

审批表单设计思考

云之家审批将公司日常行政管理与业务审批流程电子化，通过移动审批进一步提高内部效率。云之家审批表单兼具线下业务审批场景、线上电子化审批、线下存档的特性。

审批用户群体分析

（1）企业普通员工：填写单据，提交审批；

（2）企业经理人：审核单据，进行决策；

（3）审批管理员：管理审批模板、配置审批流程、设置节点等。

企业日常审批存在的问题

（1）员工不知道怎么填写审批单；

（2）审批管理员配置流程门槛高，上手难。

目标

（1）让员工迅速并且轻松地完成填写，提高审批效率；

（2）让企业管理员轻松还原线下审批场景，快速配置审批流程。

解决方案

好的填单体验来自合理的表单元素和填写流程，将表单与用户进行对话，分析并合理利用表单构成元素，用适当的错误提示、即时校验等交互方式帮助用户理解表单内容、快速填写表单，从而提高审批效率。

表单的元素

表单通常由以下元素组成：

（1）标签；

（2）输入框；

（3）动作；

（4）帮助文字；

（5）错误与提示。

▲ 表单元素

标签

标签的语言应该简洁明了，避免产生歧义。下图左侧的"是否单选"就容易引发歧义，如果未做选择，其实就是选择了"多选"，然而却很不直观。单选与多选两个选项是同级且互斥的，把两个选项都展示出来会更直观。

▲ 标签

输入框

输入框是表单的核心。审批表单输入域包括单行文本框、多行文本框、单选框、多选框、数字输入框、金额输入框、日期、日期区间、人员选择、部门选择、图片、文件等。我们利用"默认值"和"输入提醒"来帮助用户完成填写，而不是呈现空白的输入框，避免用户出错。

▲ 输入框

此外，对一些复杂的输入框，利用输入框组来表示有意义的关联，例如审批条件规则设置。

▲ 输入框组

动作

Web端表单通常包括若干最终动作，分别为主动作和次动作。主动作是完成表单上的最重要的行为，例如提交、保存、继续等。次动作是撤销输入的行为，如取消、重置、返回等。次动作通常会造成不良的后果，所以为了避免用户误操作，可以减弱次动作的视觉表现，降低出错率，从而引导人们成功完成填写。我们用按钮颜色区分主动作与次动作，并按照填写顺序，将按钮与输入框对齐。

▲ 动作

帮助文字

在用户填写审批单据时，特别是审批管理员设置审批节点和审批流程的过程中，会接触到很多专业的标签名，帮助文字内容往往比较多，所以仅仅通过标签与输入提示进行说明是远远不够的。帮助文字的设计方案有很多种，应视情况而定。直接把帮助文字展示在表单中会占据过大区域，而用户往往不会去阅读屏幕上的提示，根据眼动追踪研究表明，很多人看到表单会直接跳到第一个输入框。

▲ 帮助文字1

我们运用了由用户激活的即时帮助系统——悬浮触发文字提示气泡，来承载更多的帮助文字。鼠标指针悬浮在问号图标上，就会在标签下方出现帮助提示气泡，鼠标指针移开触发热区，帮助文字则消失。

▲ 帮助文字2

这里要注意，气泡不要遮挡住输入域，根据用户从左到右的阅读习惯，问号应放在标签右侧而不是输入框旁。这样做的优势是把帮助文字放在表单顶部，而不是内部，不会因为帮助文字的出现而导致表单内容下移。但也存在缺点：只有当指针固定在触发热区时，帮助文字才会显示。考虑到审批表单很多时候是以弹窗和侧滑窗作为承载，表现区域有限，所以使用即时帮助提示会更好。

错误与提示

没有人真正喜欢填单，用户会因为急于完成表单而遗漏必填项直接提交，也会误解表单意思而出错，那么面对错误的首要任务就是告知用户出错并指出出错位置和如何补救。如何让用户第一时间知道错误？错误提示应该放在对应元素旁边，并且通过明显的视觉表现进行强调。

▲ 错误提示

我们常常犯的错误是用对话窗口提示错误，这在一定程度上干扰了用户，弹窗覆盖在出错表单上，用户只有先关闭了对话窗口才能继续操作。

▲ 对话窗口

当表单内容很多，屏幕一屏无法显示完表单所有信息时，错误提示应该置于表单顶部，告知用户有几处错误，需要全部修正后才能提交。

▲ 多处错误的处理示意图

表单交互主要有以下几种情况。

即时校验

即时校验能避免用户在单击提交后才开始校验，让用户提前纠正错误，如实时、动态更新的文本输入量限制。

模板说明： 此模板用于员工日常请假

11/100

▲ 即时校验

智能默认

智能默认是指设置满足多数人需要的默认选择，从而帮助用户填写单据。下图是用户发起审批后进入的填单页面，系统会自动获取用户姓名、所属部门和申请日期等数据，帮用户把这些信息填好，减少了用户的填写时间。

▲ 智能默认填充

即时增加

即时增加提供额外输入框给需要的人，同时不会阻碍不需要的人。审批过程默认设置为没有条件规则，当用户需要添加时单击"添加条件块"即可。用户可以根据场景添加多条条件。

条件规则设置 ⑦

条件块1　　　　　　　　　　　　　　　　　　　　　✕

所属部门　　　　　▾　　　包含　　　　　▾　　✕

旧版审批测试、测试组/2组、财务部、流程组/1组、资产管理中心、产品中心、研发中心、营销中心、测试、产品部、用户体验部、区域办事处、研发中心、营销中心、测试、产品部、用户体验部、区域办事处

且

提交人的上级部门负责人　　　▾　　不为空　　　　　▾　　✕

＋ 添加条件

或

条件块2　　　　　　　　　　　　　　　　　　　　　✕

请选择　　　　　▾　　　请选择　　　　　▾　　✕

＋ 添加条件

＋ 添加条件块

▲ 即时增加

总结

表单设计的首要目标是让用户迅速并且轻松地完成填写，最好的方式是让表单提示以某种隐形方式存在，同时又能保证提供系统和用户想要的东西。所以表单设计不光是设计外观，还要去发现问题，并用不同的视角和方法解决问题。

5.4　To B直播场景设计

作者：谢梦颖

直播，这个名词堪称现阶段全球的热词，应用市场上层出不穷的直播App也彰显出它的受众人群是多么广泛。然而，当越来越多的企业也希望借由直播平台来进行品牌、产品、服务等的宣传，抑或是进行公司内部培训、论坛学习时，却发现这类To C的娱乐化直播平台与To B的场景还是相差甚远的。二者一个是要让用户爽，一个是要让客户赢。

定位

云之家作为企业级的移动办公App，依托自身优势开始探索办公场景下企业视频直播的生存空间。对于办公场景下的桌面端视频直播，云之家主要面对的使用场景以培训学习为主，会议为辅。

功能

整个流程为预约培训/会议、发起直播、直播进行、结束直播。

在这个过程中，直播的两大关键人物是主播和观众。主播与观众属于强互动关系，而观众与观众之间属于弱互动关系。此外还有一位特殊成员——嘉宾，他的存在可以说是"从观众中来，到观众中去"。

预约

企业场景下，预约会议/培训很常见。主播可在移动端预约直播并选择开始时间，还可以添加该直播主题的简介，让观众提前了解即将参与的直播内容，事前做好相应准备。

▲ 会议预约界面

直播中功能模块优先级的划分

To C：功能操作＞重量互动＞房间信息。

To B：内容＞功能操作＞轻量互动＞房间信息。

交互

培训类的场景下，主播会更聚焦于培训课程内容的讲解。为了尽量降低对主播直播过程中的干扰，可将直播过程中会用到但不是高频使用的功能操作收纳在功能条内，只放出需要实时查看、与观众互动的信息。

此外，在直播开始前增加倒计时动效有以下效果：

（1）给主播准备时间，管理直播的文件，准备培训的内容；

（2）增强直播培训的仪式感。

视觉

选择在桌面端进行直播，培训、演示、操作一定是主播的主要诉求。视觉上要给予主播沉浸式体验，色调都采用带透明度的深色调，降低对主播的干扰，同时增强画面的呼吸透气感，预防多窗口下的密集杂乱感。功能条的位置固定，使主播有过操作经验后，能够记下各功能的区域位置，无需再小心翼翼地寻找，减少误操作的可能。

在录屏过程中，选择特定窗口后，会有四角框标识，让主播明确自己直播给观众的区域，不会产生迷惑，降低理解成本。

▲ 视觉设计

互动

良好的互动环境、趣味的互动形式，对于提升直播氛围、互动体验起着举足轻重的作用。作为To B的产品，既希望能让主播获得观众反馈，活跃直播气氛，但又不希望过于喧闹，造成与产品调性、场景不符，所以设计了点赞、讨论、连麦这三个功能。

1）点赞

点赞是最低成本的互动，我们做了随机点赞文案，丰富点赞的趣味性。这样不仅让主播感受到来自观众的赞美、认可，也能激发观众点赞的冲动。

▲ 点赞

直播过程中精彩的地方集中出现的点赞，让主播得到满足，活跃了直播气氛，提高了直播质量，同时它又能从侧面帮助主播收集关于直播的反馈。

2）讨论

讨论可帮助主播方得到意见反馈，实时解答观众的疑问，了解当前观众对于主播内容的理解程度；对于观众方则可提出问题并获得答案，促进观众间的讨论互动。

交互上应注意，弹幕是为了让主播在不打开侧滑窗的前提下，迅速了解当前观众的反馈和需求，故应减少对直播画面的干扰。讨论窗口也要设有弹幕的关闭与开启设置，供主播选择。

视觉上应注意，当主播关注于培训内容时，对其他功能分配的注意力相对较少，弹幕一条一条分别呈现的设计、赞与讨论的颜色区分，可最低程度让主播了解到当前观众的反馈数量、类别、内容。主播可实时参与观众的互动，当主播需要详细了解当前观众的弹幕问题或讨论时，只需单击弹幕区，便可快速跳转到讨论侧滑窗口查看详情。

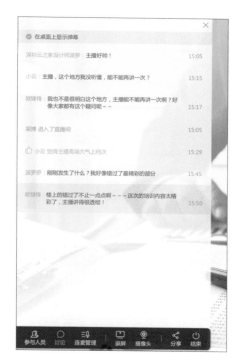

▲ 弹幕设计

3）连麦

主播使用连麦可邀请嘉宾参与直播互动，或为普通观众答疑解惑；观众使用连麦可共享屏幕或现场演示。连麦能方便观众与主播互动，降低沟通成本，增强参与感。

交互上应注意，连麦这个动作需多方确认，流程为观众申请、主播同意、观众准备、成功连麦。同时连麦过程中可由主播主动设置隐藏视频窗口，降低对主界面的干扰。

视觉上应注意，主播端连麦窗口里各类别的状态区要严格区分，简洁明了，不能让主播产生疑惑。此外，统一产品设计语言、复用已有样式以及充分利用桌面端空间优化间隔也很重要。

▲ 视觉设计1

▲ 视觉设计2

一场直播结束后，作为主播，最希望了解的便是观众对于这场直播的反馈。而这种反馈可以用各种参数来表现。各种参数对用户有着强烈的吸引力，并且可起到二次传播的效果。

▲ 会议结束界面

5.5 CRM产品设计总结

作者：王梓铭

云之家CRM（Customer Relationship Management，客户关系管理）是一款面向B端用户的轻应用，主要通过互联网技术帮助企业来管理顾客，提升企业与顾客在销售服务上的体验感受的同时，为企业不断扩大市场、增加顾客流量、提升老顾客留存和成交率，从而帮助企业提高市场营收。

1. 项目背景

云之家 CRM 自 2015年年底快速发展，从原来的一个模块，发展到了九大模块。到 2016年年底，基本上覆盖了客户关系管理的全流程。而原来的 CRM 首页已经无法

155

满足九个模块的展示，同时原来首页的功能体验也不够友好。基于此，产品团队也开始着手考虑优化首页的设计。随着业务越来越复杂，各个子模块页面越来越冗余，所以改版除了需要重新设计首页之外，还需要对各个子模块的界面进行优化。

2. 设计目标

1）分析需求

在建立设计目标前，需要明确用户的需求。项目初期，用户研究团队找出了用户诉求和产品诉求。同时我也在线上采访了十几名活跃用户，根据调研结果我们团队将首页的目标人群锁定为三类人：

- 老板（顶层）；
- 销售总监（中层）；
- 销售员（基层）。

这三类人群对首页的看法都各有不同，根据调研结果列举出了多项需求。

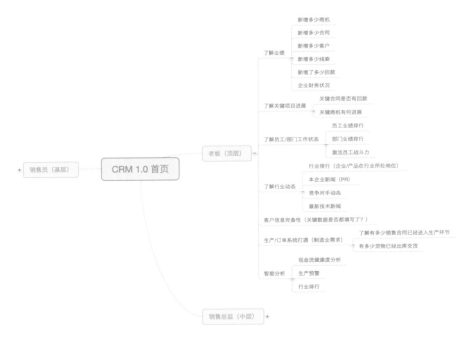

▲ 老板角色需求思维导图

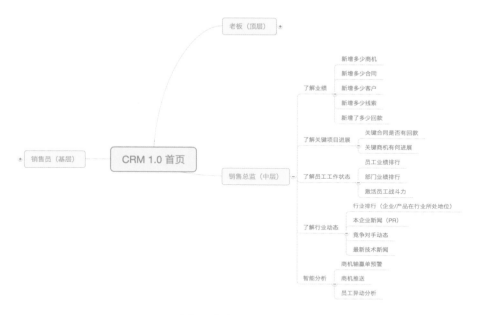

▲ 销售总监角色需求思维导图

▲ 销售员角色需求思维导图

　　接着我们使用 KANO 模型去分析目标用户和产品决策的需求。我们将实现难度低、用户满意度提高不明显的定义为基本型需求，将实现难度较高，但能让用户觉得特别有用的定义为兴奋型需求。这两者并不是我们重点关注的核心问题（因为不是产品的差异点所在），但是在我们设计的过程中，依然投入了资源去实现此类需求，因为用户最基本的需求还是要满足的。经整理我们将列举出来的需求归纳到KANO模型中。

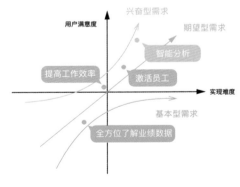

▲ 目标用户需求

2）找到设计目标

根据上图，将需求进一步精简提炼，找到了产品的终极目标：使用大数据服务提升销售效率从而提高企业收入。产品终极目标的价值就在于防止我们的产品在最终呈现上偏离了既定的方向，但是产品目标归产品目标，而设计目标则不太一样。设计的本质还是为我们的用户提供有效的行为解决方案。所以经过对产品终极目标的分析以及考虑到 CRM 1.0 首页的定位，将设计目标定为效率与激活。

▲ 设计目标

3. 设计过程

1）首页设计

明确了设计目标后，我开始着手考虑整个首页的信息架构。但是在建立信息架构前，首先需要明确所需元素。经过讨论确定如下：

- 新增功能（提高工作效率）；
- 应用快速入口；

- 激活员工战斗力功能；
- 业绩看板（旧版功能）。

确定元素后，开始着手制作原型。但是我没有马上打开 Sketch 或者 Axure，而是拿起纸和笔，开始制作纸质原型。经过一些尝试后，决定将整个首页的信息架构设定为：

- 新增模块；
- 应用入口模块；
- 子功能模块。

在这个过程中我设计出了多个纸质原型方案。

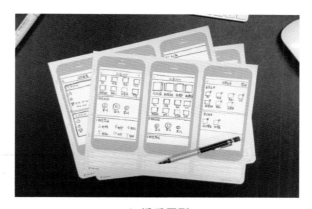

▲ 纸质原型

最后，挑选出比较好的两个方案，并把它们制作成数字版原型。

▲ 数字版原型

从上图可以看到，两方案的差异点就在"有无快捷新增操作"上。我在后台查看了各个模块的用户行为数据，发现某些新增功能的使用非常高频，所以提取了一些高频的操作将其放到首页。但是这个方案的问题就在于，这种新增功能对于销售员来说的确很方便，对于中层人员以及老板来说就不是很重要了，因为一般这类人已经不跟单了。

于是我就想，有没有一个不同角色的用户都共有的高频需求呢？回过头来看之前整理的思维导图、KANO 模型以及设计目标，发现To B应用跟To C应用最大的不同就在于To B用户存在阶级。特别是业务比较重的场景中，阶级之间存在种种矛盾，很难通过单一的设计去满足多阶级的需求。

MVP Testing 验证了我的思考。制作好了低保真原型后，我拿着这两个版本去到公司的销售员、销售总监那里做了个简单的 MVP Testing。大家对快捷新增操作的意见的确是很不一样。销售员认为这样可以更方便地开展工作，但是也有一部分人觉得不实用，原因就是没有提供他想要的快捷操作入口。因为销售员的工作也是存在分工的，有些销售员可能关注线索的挖掘，例如地推人员。对于这类用户他们的高频操作就应该为"新增线索"。同时，销售模式的不同，也会造成高频操作的不同，如果企业的产品是以投标的形式售卖的话，这种项目型销售则以"商机跟进"为主。而销售总监则认为快捷入口比较鸡肋。

所以基于此，我想到了三种解决方案：

（1）按角色推送不同的内容；

（2）其实不一定要有统一的快捷入口模块；

（3）提供自定义快捷入口功能。

综合这三个方案，对交互进行了以下调整：

- 根据用户的"阶级"给用户提供不同的功能卡片；
- 在不同的卡片上提供不同的快捷新增入口；
- 用户可以自定义卡片的顺序以及是否将此卡片隐藏。

大家可以看到，其实我是取消了整个快捷入口模块，原因就是它不灵活，而且通用性并不强，如果需要提高其通用性的话，还要为它提供自定义功能，用户也需要为此去学习如何设置，过多的设置只会让用户觉得软件过分复杂。同时增加自定义功能会延长整个开发周期，就当时的情况来看，留给我们开发的时间并不多。我认为在平衡设计方案的时候，还需要考虑实现的问题。如果开发周期很长，但是对体验的边际提升并不是很大的话，我宁愿采取开发资源较少的设计。互联网产品的精髓就是"迭代"，设计也是可以"迭代"的。

明确了整体设计方案后，我开始设计各个子模块的卡片。在设计的过程中，还考虑了交互框架的搭建，确保产品的可拓展性，降低开发成本，提高输出效率。所以我制作了统一的卡片交互框架。

▲ 统一交互框架

根据这个框架设计了多个卡片模块，涉及：

- 激活员工的销售龙虎榜；
- 管理人员期望的数据看板、目标完成度图表；
- 提高用户效率的快捷操作卡片；
- 运营活动所需要的广告卡片。

▲ 更多模块界面设计

2）子模块重新设计

除了完成首页的设计以外，还重新设计了原来的各个子模块界面。原因就是需要将首页的卡片元素融入各个子模块中。

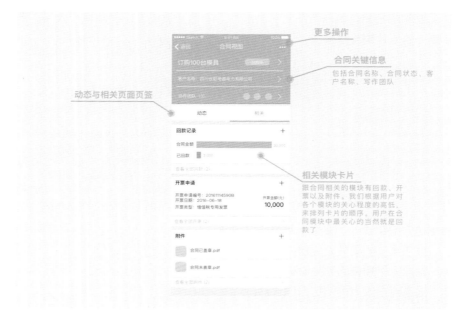

更多操作

合同关键信息
包括合同名称、合同状态、客户名称、写作团队

动态与相关页面页签

相关模块卡片
跟合同相关的模块有回款、开票以及附件。我们根据用户对各个模块的关心程度的高低，来排列卡片的顺序。用户在合同模块中最关心的当然就是回款了

▲ 子模块设计

依据此框架，完成了其他模块的交互设计。

▲ 更多子模块设计

4. 最终呈现

最终，感谢视觉设计师们的付出，将低保真设计方案完善成高保真原型。

▲ 视觉设计

5. 总结与反思

总结一下其实不难看出，我的整个设计流程是按照 Lean UX Cycle 的方式进行的。

▲ Lean UX Cycle

从需求分析到设计，再到完成设计原型展开原型级的检验。检验过后，继续思考并且调整设计，接着再进行检验。可能每一个新设计只是在旧设计的基础上进行了一点点的改进，但不积跬步，无以至千里，微小的提升积累得多了，量变形成质变，产品就会慢慢变得越来越好。

不过，回过头来看这个项目，我认为还有一些不足的地方：

- 前期设立设计目标的时候，缺少可量化的指标性目标。例如降低用户投诉率、提高用户满意度等。
- 因为迭代时间短，没有建立设计目标考核机制。缺少可检验量化指标，导致很多检验都要靠采访的形式进行。所以未来可以在应用内增加用户评分功能，或者净推荐值调查。

所以总结下来，想要做好体验设计，重要的是做好以下几点：

- 迭代：好设计是反复迭代出来的，要多尝试、多检验。
- 目标：尽早明确设计目标。而且目标不是拍脑袋空想出来的，而是明确了"为什么"后推理出来的。
- 量化：要建立可量化的检验机制。可能从机制获取的数据不一定精准，但是数据积累到一定的量级后，也能反映出很多问题。

5.6　CRM连接ERP项目

作者：张广翔

1. 项目背景

云之家CRM作为金蝶旗下的公司产品有着强大的潜在优势：24年的B端产品研发经验和技术人才以及广阔的ERP市场。作为管理类型的产品，由于ERP系统本身的优势与局限，没有很好的供应链下游。然而通过阅读陈春花老师的《激活组织》一书学习到，"渠道作为一个重要的价值链成员，在过去的20年间，已经成为中国制造业成功的发展生存方式，成为企业竞争和抗衡的基本语言"。现在是一个共享互利的时代，我们有着独特的"竞争语言"。学习使用共享资源的模式，构建大数据体系，加上经验丰富团队的付出才能逐步完善、强大我们的产品。"无缝"链接ERP将是云之家CRM在以后道路上的一条重要战略。

2. 需求分析

综上所述，我们对本次项目的背景及本次项目需要完成的目标有了基本了解，本次目标就是针对ERP（K3could）系统进行配置对接。在明确业务目标后，梳理整体业务所需关联的模块并构建完成任务所需搭建相关功能点如下：

（1）在CRM系统建立对接ERP集成配置的入口；

（2）ERP中存在多组织业务信息，而CRM中仅支持单组织对接的信息同步；

（3）配置ERP账号需要通过地址（账号）及Key文件验证；

（4）在对接过程中构建规则、进行配置，保证系统之间的兼容；

（5）字段映射配置，链接CRM与ERP对应字段，防止同步时的资料出现混乱，确保数据精准同步；

（6）数据同步方式及频率。

根据对系统的了解与整体需求的分析，整理出此次迭代所需要完成的功能点。

▲ 功能点思维导图

3. 设计过程

1）任务流程

为了减少用户的学习成本，考虑在网站登录时被用户所熟知的现有流程，整理系统对接所需要完成的任务（同步CRM系统与ERP系统中客户、联系人资料），并以此结果为导向，将对接过程中零散的功能点进行组合，将要完成配置的过程划分为三个步骤。

▲ 配置步骤

创造良好体验，让用户在初次使用中有较强的掌控感，并及时了解到配置过程中所需要完成的任务，采用了"向导控件"引导用户完成配置。

2）配置ERP账号

梳理完成任务流程后，开始任务分阶段的设计。首先需要完成配置ERP账号部分的设计，在此部分只需要引导用户填写ERP地址和上传ERP中生成下载的Key文件，打通CRM与ERP数据通道。

▲ 配置ERP账号

在账号关联功能后，出现选择ERP同步组织对话框，选择需要与CRM同步数据的组织，链接CRM与ERP的桥梁就已经搭建完成。

3）设置字段映射

在字段映射阶段，主要是考虑在CRM中的字段名称与ERP中的字段名称会有差别，然而在信息记录的意义上却截然相同（例如负责人与责任人）。然而在数据同步时，系统暂时无法做到精准的识别匹配，所以在系统默认匹配后，为了保障信息的准确性需要用户手动进行调整。

此部分也是本次设计任务的重点，页面的内容相对较多，交互内容较为复杂。作为一名设计师要抱着多为用户考虑一点的准则，尽可能设计友好易用的界面，简化操作。考虑选择手绘原型具有快速、易修改、节省时间等特点，因此先用纸笔绘制的方式进行多种方案设计，整理在页面中可能出现的问题，然后进行分析和研究，选择最优的解决方案。

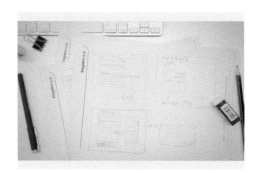

▲ 纸质原型

通过手稿中多种方案的尝试，结合对任务目标、场景的分析和研究，最终总结出在字段配置过程中需要考量的问题并提出解决方案：

（1）对应字段及"字段选项"配置中考虑字段数量的问题，选用了拖动的方式进行，并在不同分辨率下做自适应适配，保证操作的易用性。

（2）并不是所有字段都需要配置识别，为了减少用户出错频率，应及时识别验证配对是否成功，未成功的字段要及时给予用户反馈并让用户了解错误原因。因此采用在配置过程中进行实时验证的方案。

（3）考虑用户中途被打断的情况，增加了配置的暂存功能。

经过几番的思考，不断寻找解决方案，最终将纸面原型转移为电子文档。

▲ 最终方案

4）信息同步

完成相对繁杂的字段映射配置以后，用户已经在整个任务流程中消耗了不少耐心，因此在最后一步操作的设计中要尽可能减少用户的操作，把任务交给系统处理，让用户感知最后一步的操作只需要动一下手指，单击一个按钮就可以完成所有的操作。为了让用户了解到在完成初始化配置后，数据同步将通过一个什么样的规则来完成他们所要获得的结果，应将这个规则通过简短的文字告知用户，给用户"吃一颗定心丸"。

为了弥补因为ERP目前不支持自动同步数据的缺陷，减少用户的频繁操作，"自动数据同步设置"的功能因此诞生，用户只要通过设置便无需担心数据的同步问题。在此提升体验的方式就是将复杂的事情交给系统。考虑到繁杂的数据会给系统带来压力以及防止在信息同步时，用户添加数据可能会造成数据同步出现问题，因此在开启自动同步时需要进行设置同步频率以及数据同步的时间点，并将时间点设定范围限定在21：00—6：00的下班时间。

简单设定好这些后，用户的配置也就完成了，接下来系统将在后台为用户进行信息同步。

▲ 信息同步

5）配置完成首页

初始化配置完成后，我们要让用户检测他们所完成的成果，并提供配置的修改编辑入口。页面中做了一个小小的设计，"账号状态"显示部分对于系统来说功能意义不大，但是对于用户来说，要让他感知到CRM与ERP已经实时链接，不需要有太多顾虑，而且也是对于用户辛勤成果的告知。

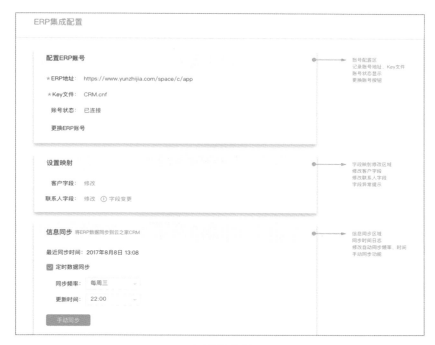

ERP集成配置

配置ERP账号

*ERP地址： https://www.yunzhijia.com/space/c/app

*Key文件： CRM.cnf

账号状态： 已连接

更换ERP账号

账号配置区
记录账号地址、Key文件
账号状态显示
更换账号按钮

设置映射

客户字段： 修改

联系人字段： 修改 ① 字段变更

字段映射修改区域
修改客户字段
修改联系人字段
字段异常提示

信息同步 将ERP数据同步到云之家CRM

最近同步时间：2017年8月8日 13:08

☑ 定时数据同步

同步频率： 每周三

更新时间： 22:00

手动同步

信息同步区域
同步时间日志
修改自动同步频率、时间
手动同步功能

▲ 配置界面

4. 总结

在项目设计的整个过程中，在开始设计原型之前，我把一半时间都用在了前期的思考和梳理中了。要想更好地完成项目，在明确目标和了解分析需求以后，更需要对两方系统都有一定的了解和认识，才能做出更贴近目标、更符合用户操作的设计。而在设计原型的时候根据单个设计点的"简、易"程度选择更为快速高效的方式进行设计。切忌在接到任务后过早进入到绘制原型阶段。

在做设计的过程中，我也时刻提醒自己多考量全局，不仅仅坚持多为用户多考虑一点的原则，也要为你的团队着想。根据本次要完成的目标，结合在各个环节中的难点、可能会遇到的问题进行思考，尽可能在环节中完善并在讲述方案的时候与团队人员沟通，避免后期不必要的麻烦。节省了时间成本，也就提高了效率。

5. 反思

通过项目总结"回头"看看，其实还是存在一些问题的。但是在有限的资源与时间内只能尽可能做到最好，这样完成了一个"从0到1"的过程，创造了一个好的开始。

好的产品在完成功能目标后，还要经过数据化的考量，确定下次迭代的目标，围绕目标进行设计改良，交付给用户使用然后再次收集和沉淀、筛选数据。我相信经过不断的提炼、总结、思考，有条理地规划产品逐步迭代完善，我们一定会将产品做得更好，为用户创造更高的价值。

▲ 设计流程

5.7　如何提升报表体验

作者：王梓铭

1. 背景

在企业里面，常常出现这样的一个场景：

老板：小王啊，你分析下这个报表，找下哪里有问题，下午跟我汇报下。

小王：？？？

对于很多员工来说，将一张 Excel 报表转化成一个可以拿出来汇报使用的报表是非常难的。一般也只是做一些简单分析后，截取表格中的一段来说明问题，不直观之余还不吸引人。但是如果采用图表的方式展示数据报表，又会出现一些其他问题，例如制作困难、做出来不好看等。而且进入移动互联网时代，移动办公已经慢慢成为潮流，老板在手机上查看报表的可能性越来越高。如果还像过去那样用长长的表格，或者无法互动的图表来向老板汇报，体验当然是非常差的。

基于上述汇报场景，云之家开发了一款名为"报表秀秀"的轻应用。

2. 明确用户目标与设计目标

首先，用户查看报表的载体可以明确下来，就是手机。那么再来看看基于报表汇报的场景，用户的目标是什么？调研发现，主要有以下两点：发现问题和发现机遇。

所以基于这两个用户目标可以定下设计目标——清晰地反馈有价值的信息。但是，如果只是看一个简单的汇报场景的话，目标就可以定下来并进入设计阶段了。但是我们并没有停下来，而是更进一步思考整个场景的"链路"。汇报场景的前一个场景是什么？后一个又是什么？员工制作完报表，发出去，汇报完，事情就结束了吗？

▲ 汇报场景思考

从完整"链路"看整个汇报场景，你会发现汇报分为汇报前、汇报中、汇报后三个阶段。而参与的角色最少就有两个，一个是报表制作者，一个是老板或经理。对于这两个角色来说，目标也都不一样。

汇报前，一般要进行报表制作，对于制作者来说，高效地产出一个美观的报表就是目标，甚至无需他进行任何操作，就能自动生成报表。

汇报中，会有两种或者多种角色，如报表制作者、老板还有像报表中的一些负责人，他们可能会基于此报表做一些互动，例如查看、评论等。

汇报后，基于报表发现问题，可能还会有追责、跟进、深挖问题等场景。

经过多次讨论后，我们明确了整个用户"链路"，并确定了设计目标。

▲ 设计目标

制作阶段：用户能够很简单地将 ERP 中的数据转换为图表。
汇报阶段：自动推送报表，如强互动，清晰地反馈信息；
追责阶段：轻松地将报表分享给他人。

3. 展开设计

第一阶段：设计连接 ERP 系统程序。

这一阶段的目标很明确，就是"简单"，所以在设计连接工具的时候，我们的宗旨就是"如无必要，切勿新增"。如果不是必要的功能，我们都不应该给到用户，基于此，我们削减了很多步骤，而增加了很多后台自动化的过程。同时我们也根据私有云的特殊性，将很多功能转移到了线上，最后和开发人员一起设计出一个较为完善的方案。

这个阶段在设计的过程中会有点不同。以前可能是根据场景来主导设计方案，而我们这里则是在尽量保证体验的情况下，根据技术实现可能性来设计方案。在此阶段，产品、设计以及开发多次讨论技术实现方案，确定了技术方案才进行界面设计。

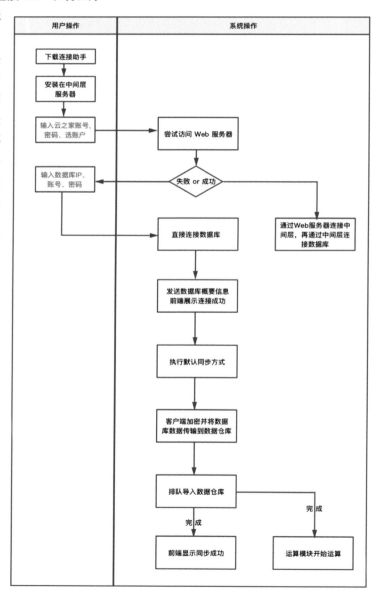

▲ 流程图

最终的设计虽然在界面上只有简单的两个页面，但是界面背后有着很多设计者、开发人员的心血。

▲ 配置界面设计

第二阶段：设计移动端报表秀秀。

1）明确设计目标和设计准则

接着，开始设计移动端的报表秀秀轻应用。回顾一下我们的设计目标：自动推送、加强互动、清晰地反馈信息。三者中最基础的目标当然是第三点"清晰地反馈信息"。所以在此着重和大家聊聊"在移动端清晰反馈信息"。

首先我们得了解下图表有哪些种类？这些图表用在哪些类型的数据上合适？以下这张图可以给大家一些灵感。

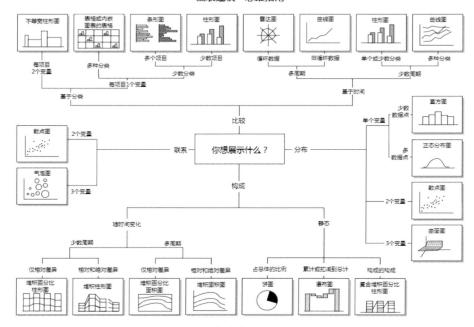

▲ 图表建议思维指南

（C）2006 A.Abela-a.v.abela@gmail.com 翻译：ExcelPro的图表博客

从上图中可以看出图表有很多种，应该根据分析的目的或者数据的类型，来选择不同的图表。虽然上图中的图表很多，但是企业里面常用的并不多，我们应该花更多精力在企业常用的图表里。所以项目初期，我们选择了饼图、折线图、柱状图、堆叠图以及上图没有的地图和数值图作为初步切入的方向。选择好了切入点后，在设计之前还得明确手机的以下特性：

（1）宽度有限；

（2）长度无限（用户上下滑动的成本很低）；

（3）没有鼠标指针悬停操作；

（4）除了点击外，还有可以滑动。

基于以上几点，整体的设计准则应该有：

（1）尽量将信息上下排列；

（2）增加更多滑动的动作；

（3）宽度有限，可以尝试横屏操作，宽高互换。

确定好设计目标、设计准则后，我们正式进入设计阶段。

2）进行设计

在此通过结果倒推的方式介绍我们的整个设计过程。

先来看设计柱状图，因为它元素相对较少。通过左图可以看到，Web 端的图表一般含有以下几个元素：

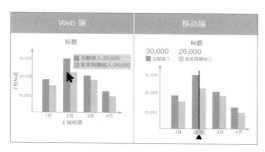

▲ 设计初稿

（1）标题；

（2）X 轴标题、尺度；

（3）Y 轴标题、尺度；

（4）图例；

（5）柱子、柱子对应的数值（使用鼠标指针悬停的形式触发）。

而从右图可以看到，基于左图元素，移动端去掉了一些元素，又增加了一些元素，图中包含：

（1）标题；

（2）X 轴尺度；

（3）Y 轴尺度；

（4）图例；

（5）柱子、柱子对应的数值（顶部显示）；

（6）滑块。

首先解释下为何去掉了一些元素。一开始，我们尝试将所有的元素塞到移动端，但是发现东西实在太多，于是我们就将所有的元素按照重要、一般、不重要三个标准做了区分，去掉了不重要的元素。同时可以看到右图有两个不太一样的地方：

（1）取消了鼠标指针悬停操作；

（2）数值在顶部直接展示；

（3）多了滑块元素。

解释下第一点，正如前面提到的那样，移动端上没有鼠标指针悬停的操作，当用户需要查看柱子所对应的数值时，则需要点击对应的柱子来查看所对应的数据。第二点，如果还是按照 Web 端那样将数值覆盖在柱子上的话，有可能因为数值长度过长的原因导致展示空间不足。同时，数值以蒙层的方式挡住了柱子，用户查看数据的时候，可能还需要点击空白位置，取消蒙层，再点击其他柱子查看其他的数值，这样的话效率比较低。最后，增加的滑块是因为除了支持点击外，我们还支持按住滑块滑动选中柱子。为何要支持这个功能呢？原因就是，竖屏状态下显示很多组数据的时候，柱子有可能宽度会很窄，间距也会较小，如果柱子宽度小于7mm或者小于30个像素，误触的概率就会很高。所以决定按照前面设定的第二条准则，将点击调整成了滑动。

滑动区域除了有底部的滑块外，对于数值很长或者图例很多的情况，顶部的图例区也可以滑动。

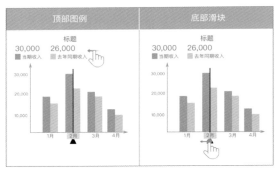

▲ 柱状图滑动区域

对于饼图也同样有不利于点击的情况，为了解决这个问题，我们同样采取了滑动的操作，只不过这次不是滑动滑块，而是用户可以滑动不同的色块到固定在顶部的指针处，从而显示数值。

▲ 饼状图悬停及滑动区域

完成了"移动端清晰反馈信息"的设计目标后，我们还发扬云之家"连接"的特性，在报表推送的时候，可以设置"谁可以看"，并在报表推送到手机后，支持用户之间的互动。例如老板对某项业务数据表示赞赏，就可以给对应的负责人点赞或者打赏。

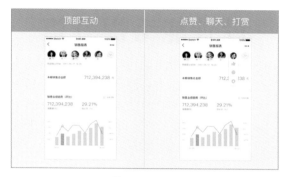

▲ 基于报表的互动

4. 总结与反思

在我的另一篇文章《CRM产品设计总结》中提到过一个叫 Lean UX Cycle 的设计流程，本次设计除了按照该流程进行设计之外，还在设计过程中加入了确定设计目标，订立准则。目标和准则是设计的核心，每次进行设计、检验以及思考的时候，都要拿出来看看，当然目标和准则并不是一成不变的，可以按实际情况进行调整，但是这种调整也应该尽量少发生。

产品上线后，再次总结设计流程，并进行迭代。同时也总结了下能够帮助产品设计师设定目标和准则的几个问题：

（1）你的产品解决的主要问题是什么？

（2）你在为哪些用户解决问题？

（3）你希望产品能够创造或唤起什么样的情绪/情感？

（4）你的实现方式与你正在解决的问题一致吗？

第 6 章
设计能力提升篇

6.1 交互设计背后的心理学原理

作者：郑少娜

某次下班偶遇一开发，他问："你们平常做的交互设计，有什么准则吗？"我列举了尼尔森十原则之类，却遭到对方的进一步怀疑，似乎认为这不过是一些约定俗成的规矩，细究下来背后却没有什么站得住脚的道理。

当然不是这样。这些交互设计准则背后，都有其依循的心理学原理，其中认知心理学应当占据了很大一部分。所以借此机会，也整理了一下认知心理学中对交互设计有所启发的一些知识点，包括：

（1）中央凹与边界视野——如何呈现信息以获取注意力；

（2）格式塔原则——如何处理不同界面元素的关系；

（3）时间感知——如何让应用具有高响应度；

（4）意识与无意识——别让用户思考；

（5）记忆的局限——如何降低工作记忆负担。

1. 中央凹与边界视野——如何呈现信息以获取注意力

人眼主要通过视网膜成像。视网膜中的视锥细胞大约占据视网膜面积的1%，主要集中在中央凹中，而在中央凹之外（称为边界视野）分布的密度很低。边界视野主要分布的是视杆细胞，大约占据视网膜面积的99%。中央凹处的成像最清晰、分辨率很高；而边界视野分辨率极低，人眼在边界视野基本处于"失明"状态，所见的东西差不多跟通过覆满水雾的浴室门看东西的效果一样。这是因为在中央凹处每个视锥细胞都与一个神经节细胞相连（神经节细胞是视觉信息处理和传导的起点）；而在边界视野中，一个神经节细胞会与多个视锥细胞和视杆细胞相连。虽然中央凹仅占视网膜面积的1%，但是大脑皮层中负责处理视觉信息的部分中有50%是用来接收来自中央凹的视觉输入的。

中央凹并不大，当用户与电脑屏幕距离正常时，它对应的屏幕只有1～2cm大小。中央凹成像的区域就是我们眼睛的注视点，因此我们每个瞬间看到的景象都只有注视点是清晰的，其他区域非常模糊。但既然边界视野的分辨率这么低，为什么我们会觉得自己所见的景象其实全都很清晰呢？这是因为我们的眼睛注视点会以每秒三次的速度快速跳动，有选择性地对周围环境进行注视，大脑再根据这些视觉输入和我们已有的经验去填充视野的其他部分，让我们能够对周围环境形成一个足够清晰的感知。

除此之外，在视网膜中还有一个叫作盲点的存在。盲点是眼球中视觉神经和血管的出口，在这个地方没有视锥细胞和视杆细胞，无法感知任何光源。也就是说，当我们注视着一个地方时，周围环境中会存在一个点使我们无法"看到"，我们之所以毫无察觉是因为双眼球的存在以及大脑的自动"脑补"。

边界视野看东西很模糊，但是也有其不可替代的作用。它能够发现周围环境中的关键信息，一旦发现这种关键信息，它就会引导中央凹去仔细查看这个信息。边界视野对运动的物体非常敏感，这是因为在进化过程中我们需要很快发现周围运动的物体，它可能是可以吃的小动物或者是企图吃掉我们的猛兽。边界视野还有一个特殊能力就是能够在黑暗环境下很好地工作——视锥细胞习惯高亮度，而视杆细胞更适应黑暗环境。所以在黑暗环境下不直接注视物体反而更能够看清楚。

启示：如何提供操作反馈和错误信息？

（1）反馈信息尽量落在中央凹中。如果要对用户当前的操作进行反馈，反馈信息与用户当前的注视点距离不要超过1～2cm，否则这些信息就会处于边界视野，用户很可能觉察不到。

（2）边界视野上的反馈信息必须足够清晰，例如使用大字体、独特的颜色，或者使用动效。想象一下把边界视野都打上马赛克的样子，如果这时候提示信息仍然能够吸引注意，我们才有理由认为用户能够看到。

（3）边界视野上的反馈信息要有统一且易识别的特点，例如使用用户习惯的警示符号，或者标准的红色字体表示错误。这些易于识别的特点让用户能够轻易分辨出这是什么类型的信息。

（4）必要时使用对话框。对话框中止了用户当前的操作，要求用户注意特定信息并做出响应。对话框要谨慎使用，因为会对用户造成打扰，尤其是模态对话框。使用对话框还有另一个弊端就是用户会有习惯化（habituation），即重复暴露在刺激环境中会导致对该刺激反应倾向降低——对话框的泛滥让用户对对话框非常不敏感，往往不看内容就会直接关闭。

如何让用户更快找到信息？

（1）页面上的重点信息，可以通过颜色、字体、形状等要素与其他信息做出差异化的显示。用户通过边界视野的引导和注视点的跳动来在界面上寻找信息，如果要让用户更快找到所需的信息，就要让这些信息在边界视野上足够明显。

（2）如果信息很多并且无法预测用户的目标（例如菜单栏、应用中心），就尽量通过图标差异化地显示每个选项。要让每个图标都容易辨认有点困难，比较好的方法是赋予每个图标独特的颜色和轮廓，不要太华丽也不要有过多的细节。

2. 格式塔原则——如何处理不同界面元素的关系

我们获得的视觉输入是独立的点、线和区域，而我们会在神经系统层面上将这些信息感知为整体的形状和物体。关于格式塔原则的详细介绍，请参看本书第3章第1节《格式塔原则在移动办公设计中的运用》。

3. 时间感知——如何让应用具有高响应度

一个交互系统的响应度，即能否及时告知用户当前状态而不需要他们无故等待，是影响用户满意度的最重要因素。

下表列出的是与人机交互有关的一些时间间隔以及与之对应的认知原理。

人机交互时间间隔和认知原理

时间底线	设计要素	原理
1ms	同一段音频中断时间	人的听觉系统能感知到1ms以上的时间间隔
10ms	手写输入时字符出现时延	人能够注意到超过10ms的"笔墨"时延
100ms	1. 对点击的反馈时延不要超过100ms，否则需要提供忙碌状态 2. 拖曳调整大小的反应时延 3. 两段音频之间允许的交叉时间 4. 流畅动画中帧与帧之间的最长时间间隔	1. 事件之间间隔100ms之内，才可被辨认为因果关系 2. 一个事件发生后大脑皮层需要大约100ms的时间才能接收到信息，因此超过100ms的反应时延会使我们无法很好地完成手眼协调操作 3. 声音重叠在100ms内时，大脑能够对其重新排序所以感受不到重叠 4. 每秒10帧会让人感到流畅，真正的流畅需要达到每秒20帧

续表

时间底线	设计要素	原理
1s	1. 完成用户的请求或者自动执行的操作，在1s内不能完成的操作需要提供进度条 2. 呈现信息后预留给用户反应的时间	1. 人际对话中沉默时间一般不超过1s，因此人机交互中也不能有超过1s的未响应 2. 人从注意到一个非预期的事件到对整个事件作出反应需要约1s的时间
10s	完成每个交互子任务可以消耗的时间，任务超过10s才能完成时，需要将其拆解为多个步骤	10s大约是人们能够较为专注、不被中断地完成一项任务的时间，人们倾向于把大块任务拆解为这种量级的子任务

除了让系统反馈保持在要求的时延之内，还有一些提高响应度的建议：

（1）进度条需要让用户感到系统正在运作，并且清楚进度和需要等待的时间，不要一直停在99%，也不要只显示已完成而忽略未完成。

（2）尽量不要在单位子任务内发生延迟。上表提到用户会将任务拆解为子任务，完成每个子任务期间用户都是处于高度专注的状态，此时发生延迟影响较大。

（3）如果加载需要较长时间，先渲染出重要信息让用户看到。

（4）利用空闲时间做些事情，不要等用户发出指令后才开始行动。

4. 意识与无意识——别让用户思考

人脑可以认为是由三个部分组成：旧脑、中脑和新脑。旧脑主要由脑干组成，掌管着人的本能反应和身体的自动调节功能。中脑位于旧脑之上新脑之下，控制着情绪反应。新脑主要由大脑皮层组成，掌管着只有高级哺乳动物才具备的意识活动。

我们的思维可以分为两种：由旧脑和中脑产生的无意识的、自动化的、情绪化的思维，称为系统一；由新脑产生的有意识的、理性的思维，称为系统二。系统一只会根据自己已知的东西做判断，不在乎逻辑性和准确性，并且反应更加快速，它在大部分情况下都运作良好，因此也不需要系统二出马。系统二掌管的是更加高级的认知能力，它往往在系统一无法做出合理反应，或者我们对反应结果的要求比较高的时候，才会亲自出马。系统二运作的成本较高，需要进行有意识的监控并消耗有限的注意力资源，并且只能按照顺序一件一件完成。相比之下系统一的运作就轻松得多，也允许"多线程"操作。

举个例子：当你早起刷牙、打字、开车时，都几乎不需要费力去想如何完成这些事情。因为这些是你已经习惯的行为，只需要使用系统一就能够完成，你甚至可以一边唱着一首熟悉的歌曲，一边给自己做早餐。但是，要用到系统二时，例如算一道数学题、背出你部门里30个人的名字、决定今天中午吃什么，我们就会开始觉得这些事情"有难度"，它需要消耗我们的认知资源。

这些知识给交互设计的启发是，尽量让用户使用系统一就能够完成操作，尽可能少消耗用户的认知资源，这样用户会觉得系统很"易用"。

用户已经学会的操作可以用系统一轻松完成。因此在设计时尽量保持用户已有的操作习惯，让用户使用以往的经验而不需要重新学习就能完成任务。

用户对软件系统存在很多图式（即schema，是认知的基本单元，用于解释感知、调节行为和存储知识），所以他们往往根据对特定界面或控件的特定期望进行反应，而不仔细去看实际显示在界面上的内容。如果某个元素的设计符合用户对按钮的图式，用户就会认为它可以点击；如果用户的图式中对话框的确定操作在右边而取消操作在左边，他可能在意识到你调换了操作位置之前就已经完成了点击。我们要减少消耗用户的认知资源，就需要去了解、遵循用户已有的图式，并在应用中建立稳定的图式，这也是为什么我们需要在设计中遵循一致性原则。

不要让用户去思考这些问题：A跟B的概念有什么区别？为什么没有反应，我到底操作成功了没？找不到删除订单的操作，它应该在哪里？这个东西选中后会有什么效果？用户对这些事情想得越多，就说明系统越难用。用户的注意力是有限的，应该尽量减少用户对工具的注意，这样他才能全神贯注去完成目标任务。

5. 记忆的局限——如何降低工作记忆负担

人的记忆分为短期记忆和长期记忆。短期记忆也称工作记忆，是为了完成任务而临时储存的信息，一般保留几分之一秒到几秒。长期记忆是我们"记住"的东西，长期记忆包括但不等于"永久记忆"，保留时间也可能是几分钟、几天、几年。

长期记忆对应着神经系统的某个活动模式，参与该模式的神经元通过突触建立联系，神经元上的这种变化可能是长期的甚至是永久的。神经活动模式可以被再次激活，这就是我们回忆的过程。神经活动模式如果经常被激活，其连接也会变得越来越稳固，这就是为什么经常复习有助于巩固知识。

工作记忆是感觉、注意和长期记忆留存现象的组合。来自人体各个感觉器官的信息，会被短暂地存储下来，其中一部分可以被注意到，进入到工作记忆中。长期记忆中的内容也是工作记忆的候选来源。而注意机制负责对感觉和激活的长期记忆进行筛选，因此进入工作记忆中的信息都是我们"注意"到的部分，是属于上一部分所述的系统二的工作。

我们一次只能注意一件事，如果你觉得你能同时注意两件，那是因为你在两件事之间快速地切换你的注意力。

工作记忆的容量有限，我们能够同时记住的互不相关的东西的数量在3～5个之间。此外，工作记忆还非常不稳定，如果我们将注意转移到新事物上，之前工作记忆中的内容就可能遗失。还有一些建议：

（1）避免同个操作在不同模式下有不同的效果。用户常常会忘记当前处在哪个模式下，因此很容易犯错。除非非常清晰地将模式标示出来。

（2）让用户知道他使用的搜索词是什么。"用户居然会笨到忘记自己搜的是什么吗？"了解了工作记忆的特点之后，也许我们会更能理解这种问题。

（3）每个页面应该只有一个行动召唤按钮（Call To Action），避免干扰用户注意。

（4）提供操作提示和帮助时，不要一次呈现太多信息，用户记不住。

（5）层级低的导航更好用，因为用户会忘记自己所处的位置。

6.2 设计用户的情绪

作者：陈晓波

什么是情绪？

情绪，是对一系列主观认知经验的通称，是多种感觉、思想和行为综合产生的心理和生理状态。情绪常和心情、性格、脾气、目的等因素互相作用，也受到荷尔蒙和神经递质影响。情绪的产生是由于某一情境的变化引起自身状态的感觉，情绪受外部场景影响很大，情绪一般发生快，结束也快。受外部影响而产生的情绪有积极的也有消极的，可能是引发人们行动的因素之一。

情绪在我们生活中出现的频率很高，是我们人生中重要的一部分，一天当中，我们的情绪不断在变动，感觉就像电影《分裂》中主角的多重人格。

我们来看看影视作品是怎样调动用户情绪的。惊悚片经常通过色彩来渲染气氛，例如用绿色传达阴森，用红色传达血腥，作品通过色彩、肢体来调动用户的情绪。

还记得电影"大话西游"吗？当孙悟空带上紧箍咒的那一瞬间，

▲ 惊悚片通过色彩渲染气氛

就会响起激动人心的音乐，作者用适当的音乐调动了观影者的情绪。当然，在适当的场景下通过舞蹈、节奏、乐器的运用也同样能唤起用户的情绪。

▲《大话西游》剧照

百事可乐的广告大多都以蓝色为主色调，再加上富有科技感的舞台，前卫的人物造型，数字与线条交织而成的灯光，调动用户激动炫酷的情绪。

▲ 百事可乐广告

而百事可乐的竞争对手可口可乐的广告则多以家庭为主线，画面朴素温暖，故事贴近生活，表达浓浓的亲情，调动用户温馨喜悦的情绪。

▲ 可口可乐广告

而泰国的一些广告也非常明白如何调动用户的情绪。故事简单质朴而充满人性，画面调性淳朴真实，以真诚的情感和细腻的情节打动观众，同时也经常采用大反转手法，让观影者的情绪跌宕起伏，甚至感动落泪。

▲ 潘婷广告——《小提琴》

▲ 泰国抗癌机构公益广告——《姐妹》

从上面的例子可以看出，优秀的作品能把我们引入到特定场景，快速唤起我们的情绪。

在很多场景中，都需要调动用户的情绪，如在教学中调动学生学习的情绪，在演讲中调动听者共鸣的情绪，在引导用户选购商品时调动用户购买欲望等。一个作品能调动起用户的情绪，那么这个作品就成功了一半。下面再从视觉设计的角度来说说如何调动用户的情绪。

视觉语言基本分为色相、饱和度、明度、留白、节奏、形状。下表是视觉设计六大要素，每个要素又划分为的不同情绪，在设计过程中，我们确定好主题想传递的情绪之后，再去确定具体要使用哪些要素去唤起用户的情绪。

视觉设计六大要素

色相	冷色：理性、放松、信任	暖色：温暖、热情、激情
饱和度	饱和度高：活跃、冲动、激情	饱和度低：中性、朴素、舒适
明度	明度高：轻松、简约、轻巧	明度低：神秘、沉重、权威
留白	留白多：放松、理性、空间感	留白少：激动、急躁、热闹
节奏	均衡：平衡、安全、稳重	对比：突出、震撼、活力
形状	方形/直线：稳固、有序、力量	圆形/曲线：可爱、柔软、轻松

当我们拿到一个方案时，应思考想唤起用户什么样的情绪，根据主题、活动目的，从而抽取设计的关键词。这里结合工作和练习的示例来解析如何运用视觉语言来影响用户情绪。

示例1：生日祝福贺卡。这个功能用在同事生日之际表达对同事的祝福。所以希望通过设计营造温馨、甜蜜、轻松的气氛，来调动用户的幸福感。各要素的选择为：

- "色相"要素，采用暖色调为主，以温和的粉红色为主色调；
- "饱和度"要素，采用高饱和度；
- "明度"要素，采用明度高的色彩；
- "留白"要素，采用留白较多；
- "节奏"要素，采用对比手法；
- "形状"要素，采用比较圆润的形状。

根据这些要素进行设计定位，最终得出下图方案。

▲ 生日贺卡设计

示例2：《幻影刺客》是我闲时的一幅练习之作，在着手设计之前，我会确定自己想通过这幅作品与用户产生怎样的情感共鸣，再遵循上一个案例的步骤进行作业。通过这幅作品，我想让用户感受到神秘、力量、权威。围绕着这几个关键词，从六要素得出一个大概的设计方向：

- "色相"要素，采用冷色调；
- "饱和度"要素，采用低饱和度；
- "明度"要素，采用暗色调；
- "留白"要素，采用留白较少；
- "节奏"要素，采用对比手法，文字采用上下排版，加强字体大小对比，使主体更明显；
- "形状"要素，采用尖锐硬朗的形状与厚重的金属质感。

根据这些要素进行设计定位，最终得出下图方案。

▲《幻影刺客》海报练习

当然，还可以用动效、音乐、故事场景、有创意的文案等来调动用户的情绪。其实在生活中也是如此，在人与人的交流中，如果有一方突出自己的情绪，接收者收到这样的情绪后，可能也会被感染。

▲ 生活中的情绪调动

接下来说一说在体验流程中，如何调动用户的情绪。

什么是体验流程设计？体验流程来源于用户体验地图，它记录用户在整个使用流程中的行为和情绪，以此来发现用户在整个使用过程中的问题点和满意点，从中提炼出方案的改进点和机会点。

得出体验的情绪高低点后，可以从下面三个角度进行优化：

（1）极致体验：为情绪高点多做一点事情，将高点推向极致（超出预期）；

（2）换位体验：把体验情绪高点值放在前面，把体验情绪低点值放在后面；

（3）符合预期体验：某个环节与用户预期不一致，可能会造成情绪低点，优先检查情绪低点的体验是否符合预期。

超出预期则是指消费者原本以为只是如此，但是却没有想到产品远远超出了自己的想象。这种体验会给消费者带来很大的冲击，品牌也会一下子进入消费者的内心。

例如易拉罐的开瓶，对于指甲短的使用者或染了指甲油的女性而言一直是个难题。优秀的设计师把开瓶拉环做了小调整，将一根直线变成弧线，就能给用户带来巨大的方便，这就是超出预期。

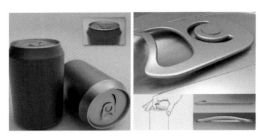

▲ 易拉罐拉环设计

回到体验流程的话题，可以结合上述三个角度去思考我们的精力应该花在哪个环节，从哪里找到突破点，让用户使用起来更爽、更兴奋、更有信任感。下面举例说明如何从极致体验、换位体验、符合预期体验的角度来优化产品。

示例1：在一个投注彩票的运营活动中，可以使用用户体验地图的方法，实时记录使用者在每个使用环节的疑惑与担心，得出每个体验环节的情绪波动变化。

从图中可以看出，情绪的最高点是查看开奖；情绪的最低点是参与投注、看到活动、等待开奖。

关键路径	看到活动	打开页面	参与投注	等待开奖	查看开奖	回到活动
服务提供点	活动入口	游戏种类	选择投资	彩票开奖公告	我的订单	活动入口
使用者疑惑	活动真假？ 奖金有多少？ 下次怎么找到该入口？ 参与的人有多少？	参与规则？ 奖金多吗？	钱是放在这个网站上吗？ 是国家的福利彩票吗？ 要交多少钱就可以玩？ 需要绑定我的银行卡？ 多久才开奖？ 能修改投注吗？ 现在累计奖金有多少？	会不会错过开奖？ 在哪里看开奖？ 能修改投注吗？ 能追加投注吗？	我中了，在哪领奖？ 我没中，谁中了？	活动结束了吗？ 还有什么可以玩的？
使用者心情						

▲ 用户体验地图

这里结合"极致体验"的角度，思考是否增加超出用户预期的设计，例如设立奖励排行榜机制，多次中奖的可进入"常胜将军"排行榜，可推荐给其他购买彩票的用户，从中抽佣，同时满足个人荣誉感。

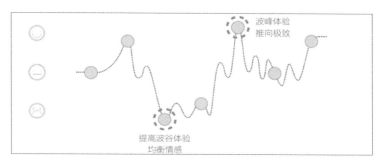

▲ 波谷波峰体验

示例2：注册流程。有些App需要先注册再体验，而有些App则会事先给你玩一下，你觉得好玩，再自己去注册。emojiii和百度贴吧就对应这两种模式。

▲ emojiii-注册表单

▲ 百度贴吧-随便看看

这里结合"换位体验"的角度思考，百度贴吧把体验情绪高点值放在前面，把体验情绪低点值放在后面，而emojiii则相反。其实用户都很懒，如果一上来就需要注册才能体验功能的话，会导致很多人放弃使用，这个时候如果先让他玩一下，那么就有可能转化那部分懒惰的用户。当然这个注册功能不只是单纯考虑体验，还要考虑产品本身及产品业务综合而定。

示例3：当我们去一些主题乐园玩时常会遇到一个问题，那就是排队要排很久，有时候天气又晒又没有座位，排队1小时娱乐3分钟，大部分时间都花费在排队上了，本来好好的心情，一下子就降到谷底。一个主题乐园的项目其实有很多，有些项目排队人少，有些排队人多，但是用户根本不知道项目排队人数的总体情况。

▲ 主题乐园排队人群

这里结合"换位体验"的角度去思考，把进入园区当作流程的起点，把体验高点（人少的项目）的步骤分摊部分到体验低点（人多的项目），均衡体验。

解决方案可以是用手机App预约热门的A项目，等排队快轮到自己的时候再去玩A项目，同时可以监控其他项目的排队状况，花更少的时间去玩更多项目。

示例4：网购是大部分人都有过的经历，产品图片看着很漂亮，感觉物美价廉，但是当我们收到实物产品后，发觉实物竟跟产品照片有着天壤之别，想到退货的麻烦以及重新选店购买的担忧，心情一下子就落到情绪低点。

用户为何在这个环节的问题如此之多，或者不满意的情绪如此强烈，其实就是体验过程没有达到最基本的条件——符合预期，所以在解决情绪低点的时候，可以从用户的基本预期入手，从中找到设计的突破口。

上述规则并不是绝对的，例如每个民族对颜色传递的意义有着不同的理解，而且每个用户对色彩的认知也是不同的，视觉语言对用户情绪的影响见仁见智，不一定是要按照特定的设计样式去解决。但是，调动用户的情绪是必要的，它的意义在于传递我们的信息和情感，唤起用户的共鸣，通过调动用户的情绪有助于达成我们的目的。

6.3　如何解决傻瓜式交互动画

作者：赵武

我们在浏览一些设计网站，例如Dribbble或者Behance以及中国的站酷、花瓣的时候，常常会看到一些令人惊艳的动效概念稿。在惊叹之余，其实有一个问题想必大家可能都有想到，为什么这些很棒、很炫的概念稿只能是概念，而不能把它真正实现呢？

这时大家也会顺理成章地想到一大堆不能实现的理由。例如实现这些概念稿，需要花多少时间？在这个追求快餐式迭代版的时代，特别是一些创业公司，讲究的是效率，花费大量时间在实现效果上值得吗？一些炫酷的动效往往需要厉害的设计师以及程序员支撑，再美的花朵也需要肥沃土壤的滋润，而且我们也不能排除某些程序员可以找一万个理由来反驳这些交互动画，最大的理由就是做不了、不能做、有风险……一般基于以上这些理由，我们都会做出妥协让步。

所以大多情况下我们会使用PNG序列帧、Gif甚至视频格式。但这些也伴随着一系列问题。例如使用帧动画这种方式固然可行，但是一个动画需要添加很多张图片，势必会导致安装包体积变大，并且还要根据不同的尺寸进行适配。而使用Gif占用空间较大，而且需要为各种屏幕尺寸、分辨率做适配，并且Android本是不支持Gif直接展示的。还有用代码加图片辅助。在之前我们云之家App也经常使用这种方式，但这种方式非常繁琐并且每更新一次都需要重新写很多代码。

那么有没有什么方式是既可以方便地实现动画效果，又可以不用考虑适配的问题，而且Android、iOS还可以兼容呢？

答案就是我们这篇文章的主角——Lottie 。那什么是Lottie呢？ Lottie是Airbnb开源的一个可支持 Android、iOS 以及 ReactNative，利用json文件的方式快速实现动画效果的库。这么看可能很难理解，接下来我将详细讲解如何使用。

假设我们现在要做一个云之家logo的加载动画，按照之前常规方法一般都会设计一个Gif动画效果和一些切好的一帧一帧的图片。现在不用这么做了，只需进行如下的操作：

（1）打开 After Effects（简称 AE）工具制作这个动画。并且在AE中安装一个叫作Bodymovin的插件（下载地址：https://github.com/bodymovin/bodymovin，单击绿色按钮Clone or download进行下载）。下载完成后只需要找到\build\extension\bodymovin.zxp这个插件就可以了。

（2）但是要成功安装这个插件，还需要借助一个工具，可以正常使用的工具下载网址：http://aescripts.com/learn/zxp-installer/，支持双平台。

（3）打开刚刚下载好的ZXP Installer，依次单击File→Open载入上述插件，ZXP Installer会自动开始安装。安装完成后的软件主页面如下图所示，表示插件已成功安装。

▲ 插件安装完成页面

（4）依次单击"窗口"→"扩展"→Bodymovin菜单项，就可以打开Bodymovin的界面使用插件了。

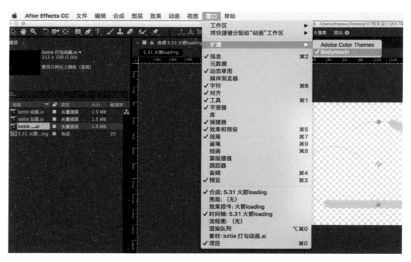

▲ 打开Bodymovin

（5）接下来我们就在AE里做一个动画项目——云之家logo的路径生长动画，命名为"5.31火箭loading"。

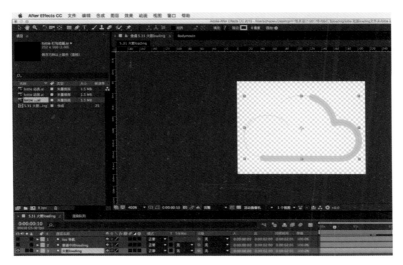

▲ 操作示意图1

（6）打开Bodymovin插件窗口，可以发现"5.31火箭loading"出现在了下面的列表中。然后选中"5.31火箭loading"，设置好json文件输出位置，单击Render。

▲ 操作示意图2

▲ 操作示意图3

（7）同时 Bodymovin还为生成出的json文件提供了预览功能，单击插件界面上的Preview按钮，单击Browse载入刚刚生成的json文件，动画就能被完整还原了。

不过Lottie动画也有一些局限性，总结一些注意事项如下。

首先Bodymovin只支持矢量图形，在AI或者PS里面画好的图形，都必须在AE里转出矢量形状。

其次，在绘制矢量过程中，应该尽量减少锚点。因为动画虽然本身是用代码实现，但是过多锚点的使用会带来性能风险。

此外，在使用遮罩效果时，兼容性不是很好，会出现奇奇怪怪的问题（直到现在也无法确定到底是不是不能使用蒙版遮罩），所以目前我会刻意避免使用遮罩动画。

最后附一些文档链接以供参考。

Lottie 说明使用教程：http://www.jianshu.com/p/cae606f45c0b。

Bodymovin 插件使用教程：http://www.cnblogs.com/zamhown/p/6688369.html。

6.4　产品设计师常常忽视哪些实际上很重要的事

作者：王梓铭

1. 概述

在知乎上有人邀请我回答这样一个问题——"作为一个产品经理或产品负责人会

可能忽视哪些实际上很重要的事?",看了下里面各位经验人士的回答,结合我个人经验,在此说说几个对我的工作和成长都起到非常大作用的关键举措:

(1)产品/设计白皮书(青春版);

(2)复盘反思总结;

(3)关注海外产品/设计/知识。

2. 产品白皮书(青春版)

设计师"酷拉皮卡"说的"产品白皮书"非常棒,建议不管是产品经理还是产品设计师都来做一做,但是该文档单独制作的话,估计耗时会很久。所以在这里结合我的经验,提出了青春版。

在介绍文档结构前,我想强调一点就是,不管是产品白皮书还是其他文档,越早动笔就越好。如果产品是按项目迭代的,则在项目一开始就建立文档。言归正传,首先说下青春版和酷拉皮卡版的优劣。

产品白皮书不同版本对比

项目	胜出者	原因
时间	青春版	青春版是将多个文档结合起来,所以耦合度低,减少了很多重复工作
文件大小	酷拉皮卡版	这里必须是酷拉皮卡版获胜,我现在一个 Q1 的 Axure 文档就有 20M 以上
逻辑清晰度	酷拉皮卡版	青春版是将多个文档合在一起,所以逻辑上可能会有点混乱
分享难度	不相上下	青春版是多文档融合,企业内部共享文档只需要共享一份就好,设计、开发都看一份东西。但是如果文档内某些模块有保密需求,就比较麻烦了

接下来,再用一个表格来看看酷拉皮卡版和青春版的主要区别。

产品白皮书不同版本对比

项目	酷拉皮卡版	青春版
迭代记录	No	Yes
调研资料	No	Yes
设计想法	No	Yes
产品介绍	Yes	No

项目	酷拉皮卡版	青春版
系统架构	Yes	No
整体规划	No	Yes
产品功能	Yes（直接介绍完整功能）	Yes（按模块、按迭代写）
产品后台	Yes	No

1）迭代记录

迭代记录部分主要是做类似"版本控制"的工作，使用表格工具记录以下内容：

（1）迭代时间；

（2）版本号；

（3）迭代内容；

（4）迭代原因；

（5）遗留问题。这条强烈建议记录。"遗留问题"说白了就是要将失误以文字的形式记录下来，供后人学习，并且后人接手工作的时候，也会知道哪里有不足。这里可以举几个我常记录的点：同样的思路是如何衍生出不同方案的？不同方案的优缺点是什么样的？最终是基于什么样的考虑选择了这个方案？

2）调研资料

调研资料主要分成两大部分：

（1）竞品跟踪。这部分可以看看下一篇文章《如何开展竞品分析》。

（2）用户研究资料。如果有用户研究部门的话，可以将他们调研到的资料放到这。同时也可以将参加一对一可用性测试的记录塞到里面。

3）设计想法

这里可以当成便签模块，将自己的奇思妙想放进去。同时它还有个很关键的作用，就是将复盘反思总结也记录到这里。后面会详细描述这块内容。

4）整体规划

酷拉皮卡版还包含了产品介绍和系统架构，其实我就是将这两个部分融合到一起，因为它们两者耦合度比较高，那么这部分主要包括：

（1）产品介绍；

（2）产品处于产品矩阵中的哪个位置；

（3）产品规划；

（4）产品架构；

（5）主要业务流程图；

（6）各业务间的关系。

5）产品功能

这部分跟酷拉皮卡版有比较大的区别。这里的话，我将产品的每个模块分割开，然后再将每个模块分割成移动端、Web 端（因为我们的产品要在这两种平台同时使用，所以分割成这样，如果你的产品没有 Web 端的话就不需要这种做法，还有就是产品后台也需要记录在内。）我会将需求和交互都放到这个模块里面。

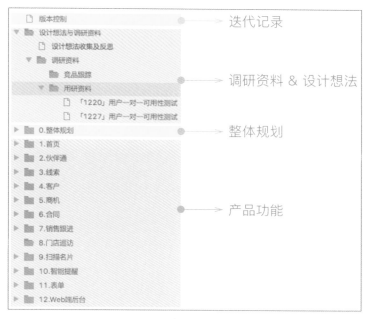

▲ 产品功能

3. 复盘反思总结

前面提到复盘反思，这个是我认为很多产品或设计师都忽略的地方，这里主要分为几个部分：

（1）效果复盘（如上线后用户反馈如何？数据表现如何？）；

（2）错题集（人无完人，犯错了就勇敢面对。上线后用户反馈不理想？数据掉了？没关系，总结错误，重新出发）。

这里跟大家分享一下我的错题集中的一条。

错题集

今天遇到了什么问题：

- Web 端高级筛选出来之后，用户出现强烈反弹，说我们最新设计体验不如从前。

为什么会产生这个问题：

- 主要问题：对自己过分自信，认为功能高级了，解决场景多了，就是对用户好。其实并不是。有的时候，少即是多。

在这样的一个问题出现、问题解决的过程中，我的心理表现怎样：

- 愤怒（认为用户都很傻，这么好的设计不用，要用差的）；
- 愧疚（因为自己的自满，而导致公司收到很多用户的吐槽甚至投诉）；
- 反省（错就要认，马上拿出解决方案，先解决问题）。

怎样解决，有什么启示：

- 没有做充分的调研。有用户提到我们的原筛选做得不错，得到了表扬，但是没有去问多一句：为什么好用。应该多了解用户的使用场景。
- 产品没有与运营结合。发出去之后，应该要马上去了解用户的使用情况，而不是用户反馈问题了，才出方案去改。
- 没有 Plan B。我们现在用户还比较少，出了问题，反馈问题的不多。但是，未来用户多了之后，像这种影响工作效率、工作方式的功能，发版还是需要有个 Plan B，不能像现在的一刀切。出了问题还没法快速还原。灰度发版、A/B test 应该是未来我们需要关注的一个点。

4. 关注海外产品/设计/知识

这也是很多国内的产品经理和设计师常常忽略的事情，但是却很重要！虽然，中国的移动互联网发展的确比国外要强很多，但是像交互、UI以及创意上，国外作品还是有很多值得我们学习的地方。所以我为了强迫自己去多看国外的产品，搞了个小目标，就是"吉米百篇翻译计划"（http://iamjimmywang.me/post/za-tan/2017-04-25）。

6.5 如何开展竞品分析

作者：王梓铭

1. 概述

衡量一个产品经理或者产品设计师的能力时，不只要看他对用户需求的把握能力，也要看他对产品的日常管理能力。一般在产品的日常管理工作中，会涉及三大阶段，每个阶段又会涉及多个文档：

（1）规划：产品规划、MRD、竞品跟踪、需求池；

（2）设计：PRD、需求列表；

（3）运营：更新报告、F&Q、运营报告、产品说明书、版本记录。

乍一眼看来，产品经理需要整理很多文档，但是在我看来以下几个文档最关键：产品需求池、竞品跟踪文档、产品规划文档、版本记录文档。在这几份文档中，有一份文档是产品经理和产品设计师（UX及UI）都应该长期关注的，那就是竞品跟踪文档。知己知彼，百战不殆。

2. 主要步骤

竞品跟踪主要包含以下步骤：收集、整理、总结、分享。总结成一句话就是，时刻关注，定期总结与分享。

3. 收集

收集阶段主要是收集竞品的情报。我一般会通过以下几个渠道收集情报：

（1）互联网媒体网站（36kr、iFanr、Pingwest等）；

（2）行业数据报告（艾瑞、易观、企鹅智库等）；

（3）牛人甚至是竞品员工的微博、公众号、知乎，博客；

（4）竞品本身（长期使用竞品，会让你逐步了解到对方的产品策略，同时可以吸取对方产品优秀的细节）；

（5）竞品官方论坛；

（6）应用数据监测网站（蝉大师、aso114等），这里可以统一看到应用的迭代记录，以及用户的一些评价。

这里推荐使用Evernote或者"为知笔记"这类的笔记软件，在网上看到有用的情报，就可以直接使用保存下来。

4. 整理

正如前面所说的那样，收集到的情报可能很零碎，甚至只是几组数据。所以就需要过滤一遍收集到的情报，将有价值的信息复制到对应的分类中。例如我就会把竞争对手的版本迭代记录，放在专门的笔记软件内。

▲ 竞品迭代笔记

同时我还会为这些资料加上标签，例如竞品迭代版本的功能介绍，就会加上"迭代记录"标签，方便日后快速找到某类资料。

此外，收集的情报也可以整理成ppt或者竞品跟踪报告。

▲ 报告

5. 总结

总结主要是指将整理好的资料总结成文档。对于刚入行的产品经理和产品设计师，我建议你培养起定期总结的习惯。如果你能保持每月一篇或者两月三篇的总结，半年下来，我保证你能对整个行业的动态和竞争对手的情况了如指掌。

较完善的文档目录如下：

1 市场趋势、业界现状

1.1 技术发展趋势

1.2 国家政策、经济基础、人口结构

1.3 市场总体情况（如用户规模、市场大小）

2 竞争对手的企业愿景、产品定位及发展策略

2.1 商业模式（商业画布）

2.2 产品定位

2.3 产品价值（Product Market Fit）

3 目标用户画像。

4 市场数据

4.1 竞品的利润率、用户数、收入、日活、留存、口碑

4.2 融资情况

5 核心功能

6 交互设计

7 产品优缺点

8 运营及推广策略

8.1 用户运营

8.2 内容运营

8.3 活动运营

9 总结及行动点

9.1 总结（我能学到什么？）

9.2 行动点（我能做什么？）

6. 分享

整理好的资料以及总结好的文档，可以通过邮件、开分享会等形式与团队成员进行分享。此处价值有四点：

（1）提高团队内的个人影响力，为日后工作奠定基础；

（2）在分享与讨论的过程中，可以得到更多的想法和思路；

（3）帮助团队其他成员，特别是新来的同事，快速了解行业动态；

（4）资料还可以分享给团队外的人，以此增强团队以及个人知名度。

6.6 如何创造体验、创造价值

作者：张广翔

随着行业的逐渐发展与完善，软件产品已经不是单单靠拼功能、拼硬件就能获取用户的"芳心"了。大部分用户对使用产品时所获得的感受越来越挑剔，我们已经不仅仅是在为用户解决问题，更要为用户创造良好的体验。

在体验我们自己的产品时，大家都会意识到一些不满意的地方，因此根据现阶段情况分享一些个人的想法与观点。

1. 挖掘产品中存在的体验问题

（1）要想解决问题，必须先发现问题；要多渠道地收集用户反馈（如有偿反馈或调研），快速收集问题。

（2）拜访并近距离接触用户，研究用户使用习惯及使用场景可以帮助我们在工作中找更多需要完善的点，然后进行逐个突破。

（3）身为员工的我们也要在使用产品的过程中发现问题，然后对这些问题随手进行整理，最后汇总问题并提出一些个人的建议或者解决办法。这不仅能为产品提高用户体验找到突破口，还可以提升个人的价值。

2. 在工作中从哪些方面来提升用户体验

作为用户体验部门的交互设计师，我们的工作本质必然与用户体验密不可分，那么在提升用户体验中我们必须要发挥出自己的专业知识，为提升产品体验付诸行动。

1）参与问题收集，熟知业务需求及需求分析

在提升体验这条路上，我们需要用敏锐的观察力及创建多渠道的收集反馈等方式，多方面挖掘和分析问题（如，与产品经理一起参与前期调研以及需求整理规划；通过"用户反馈渠道"及时了解用户反馈等）；其后对业务进行分析并梳理组织结构，平衡产品的业务目标与用户体验；张小龙曾经说过，"我们达到的 KPI 是我们产品的副产品。所谓副产品也就是说，我们真的把这个东西做好以后，我们的 KPI 自然就达到了"。这句话大家都明白，现如今产品的价值影响力都是建立在用户使用产品后自然产生的额外收获。因此在设计工作中深度挖掘出用户的本质需求，将其与业务结合，让用户完成目标的同时为用户创造良好体验非常重要。

2）明确用户和产品的交互是什么以及用户完成任务的方式

我们要了解在用户与产品之间存在着相对隐晦的交互，了解用户是如何通过你的产品达成他们的目标的。人做某一件事情之前都会在心中构造出要达成这个目标的每一步所需要完成什么，这就存在产品设计所呈现的是否与用户内心所建立的模型贴近的问题。贴近、匹配用户内心模型，容易被用户使用且容易被用户理解和接受的产品设计，才可以赢得用户的青睐。

3）围绕所获得的结果开展交互层面的工作

以结果为导向、以提升用户体验为目标展开工作，以用户为中心贯穿整个过程。与产品开展功能环节不一样，提升用户体验需要更注重完善细节、追求卓越。了解用户，通过确定目标结果引导用户的使用来帮助产品实现目标的同时，优化设计能更贴近用户心智模型，细化用户使用场景，减少用户的思考及干扰因素，做到精益求精。

4）让用户去控制

尽可能地让用户站在主导的地位去进行操作和使用，增强用户在使用过程中感知、预知、可控的能力，满足人的控制欲。有了合理、便捷、舒适的使用流程及更贴近用户心理的设计，你还会流失用户吗？

3. 情感化设计，触动人心

互联网时代，手机与电脑连接着你我的生活、工作和学习；人与机器之间的"沟通"也更加丰富和智能，并且传递出的情感能触动你的心灵。本质上人机交互之间是不存在情感流露的，用户进行操作，系统负责执行和处理接收到的指令信息从而完成用户的操作，达成用户的目标，那么我们为什么要进行情感化设计呢？

1）情感化设计与用户体验的关系

我们是感情很丰富的"动物"，感情可以给我们的生活带来丰富的"色彩"；那么我们在人与机器之间"沟通"的过程中加入情感化设计，赋予机器情感传递，带给使用者美好的感受，就一定会大大增强产品与用户之间的黏合度，给予用户"美"的感受。

2）如何通过设计来触动情感

在哪里可以传递情感呢？人与人之间沟通的语气、措辞、表情、动作等都是传递情感的方式；而在人机交互过程中必然存在着"沟通"及人机之间的接触，从而实现信息传递（例如通过视觉传递、感官传递、听觉传递、文字反馈、智能化等方面进行人机的信息传递）。因此，设计中可以通过这几点入手进行情感化的设计。

（1）通过图形、颜色、表情等可视化的设计进行情感传递；显示设备是机器最为重要的部分，它从视觉上给予用户情感的传递，直观且重要；

（2）感官传递情感；触觉是我们最直接的感受方式，目前较多的是使用通过振动方式增加用户触觉方面的信息传递，通过振动的频率和强度传递信息；

（3）听觉传递情感；可以通过声音的旋律所带来的情绪进行设计，就像我们听音乐一样，旋律给我们带来的情感传递还是较为强烈和有效的；

（4）系统反馈提示文案；文字是人机交互之间必不可少的信息传递方式。友好亲切，让人舒畅的文案总是让用户感觉暖心，从而传递情感；

（5）智能化这一块相当丰富，如通过行为分析为用户提供贴心服务等。

在产品设计过程中，用户是基础，设计思维、解决方案决定了为用户搭建一座什么样桥梁。提升用户体验时，团队之间互相信任、紧密配合、及时沟通，还有如何解决实施过程中遇到的一系列问题，都将是我们达成共同目的的挑战。

6.7　设计师应该如何跟程序员合作

作者：丁珍

"你这个实现不了啊！"相信很多设计师都遇到过开发人员这样说。

从原则上说，没有什么是实现不了的，但是开发这么说一定有他的理由。通常来说，设计实现的难点在于开发人员由于某些原因拒绝友好合作以及其他硬性限制上。

开发人员为什么拒绝友好合作？

同样表现为拒绝合作，不同类型的开发考虑问题的出发点可能是不一样的。大致可以分为三类。

（1）业务型：通常这类开发对业务和需求的了解比较深刻，最注重性价比，不喜欢太复杂的、他认为是多余的视觉实现，经常对设计提出异议，诸如"你这个设计是不合理的"之类。拒绝合作的理由主要有"优先级靠后""太耗费时间，性价比不高""产品形态不稳定，需求变更频繁""牵涉到底层架构"等。

（2）体验型：这类开发多出自前端，对用户体验有一定的追求，只要是对体验有帮助的设计问题一般是乐意去解决的，就算有难度也会去探寻一番。在UI上也有一定的造诣，有些平常也喜欢写写画画，研究研究PS。拒绝合作的理由主要有"我觉得这样不好看"。

（3）研发型：这类开发忠于做好自己的本职工作，只要不是太过分的需求便不会过多地提出自己的意见。

其他硬性限制是什么？

其他硬性限制又可以分为团队内部限制和团队外部限制。团队内部限制就是开发们经常抱怨的"开发时间短，来不及做"，在此不表。团队外部限制则主要是第三方服务的限制，诸如SDK不提供某项能力导致某个效果无法实现、平台不提供某种能力导致H5某个效果无法实现、应用内某种因素导致实现效果会出现bug等等。

这些问题并不是不能解决，只是因为都牵涉到和第三方的协作，所以解决起来尤其困难。

作为设计师，我们该怎么办？

虽然绝望，恨不得抄起键盘亲自上阵，但我们还是要心平气和，好好说话。由于问题产生的原因不同，解决方案也有所不同。

（1）对于业务型开发，我们需要提升对产品业务的理解。在业务层面不要给开发鄙视你的机会，甚至尝试从这个角度出发去说服对方。在面对诸如开发时间短、优先级靠后等理由时，需要找产品经理沟通协商，说服产品经理理解并协助推动设计；对于短时间内无法解决的问题，可以按优先级列任务表，适时推动；对于处于试错期产品，形态尚未稳定，此时应该以快速迭代为主，保证基础体验，同时多和产品经理沟通，清楚产品未来走向，在设计上留有余地。

（2）对于体验型开发，我们需要提升自我的专业能力。用专业知识说服开发"为什么是这样设计的"，而不是认为"我是设计师，就该听我的"。日常协作过程中尽量严谨，在自己的专业领域保证不出错。一旦开发对你的工作产生不信任，就可能导致他对你的所有设计都持怀疑态度，协作难度变大。必要时可以虚心求教。

（3）对于第三方服务的硬性限制，我们需要对技术相关知识有一定了解。这样有助于我们在设计之前先了解到可能会有的限制，在设计时可以拓宽思路，留有备选方案，这样不会显得被动。一定要知道哪些是可以实现的。不同平台的规范和限制也不一样，你不能拿iOS的实现去要求Android，也无法用H5的灵活性去要求Native。不然你可能会被认为是无理取闹。

最后还有一点，转变思维方式。不迷信开发，在开发拒绝你的时候多问几个为什么；在协作过程中多思考是否可以转换实现方式，通过更低成本达到同样的效果；善于倾听和描述，有时候开发拒绝合作并不是因为这个效果真的实现不了，而是因为他的理解有误。做到以上几点，可以说开发绝对没有为难你的理由了。要么好好协作，要么承认技术不够。

最后还有几条小建议可以和大家分享：

（1）设计师要有美感，但在实际工作中必须考虑用户、商业、技术三者的平衡，不可沉溺在自娱自乐的世界中。设计不是艺术，也不是炫技。

（2）熟悉设计规范，iOS和Android两大平台的设计规范不仅是对设计的规范和标准，还包含了代码的实现原理。

（3）了解最新技术，今天不能实现不代表明天没办法实现，不可因此失去了创造力，成为塞利格曼笼中习得性无助的可怜犬。

我一直认为设计师是一个非常"自虐"的职业，在无数的用户需求、商业目标、技术限制的夹缝中挣扎，不断反求诸己，寻找解决问题的方法。然而，在实际工作过程中，没有完美的解决方法，更多的是一种平衡。